Rheinisch-Westfälische Akademie der Wissenschaften

Natur-, Ingenieur- und Wirtschaftswissenschaften Vorträge · N 325

Herausgegeben von der
Rheinisch-Westfälischen Akademie der Wissenschaften

HANS-GEORG VON SCHNERING

Clusteranionen: Struktur und Eigenschaften

ARNDT SIMON

Neue Entwicklungen in der Chemie metallreicher Verbindungen

Springer Fachmedien Wiesbaden GmbH

293. Sitzung am 13. Januar 1982 in Düsseldorf

CIP-Kurztitelaufnahme der Deutschen Bibliothek

Schnering, Hans-Georg von:

Clusteranionen: Struktur und Eigenschaften / Hans-Georg von Schnering. Neue Entwicklungen in der Chemie metallreicher Verbindungen / Arndt Simon. – Opladen: Westdeutscher Verlag, 1984.

(Vorträge / Rheinisch-Westfälische Akademie der Wissenschaften : Natur-, Ingenieur- u. Wirtschaftswiss. ; N 325)

ISBN 978-3-322-98756-3 ISBN 978-3-322-98755-6 (eBook)

DOI 10.1007/978-3-322-98755-6

NE: Simon, Arndt: Neue Entwicklungen in der Chemie metallreicher Verbindungen; Rheinisch-Westfälische Akademie der Wissenschaften (Düsseldorf): Vorträge/ Natur-, Ingenieur- und Wirtschaftswissenschaften

Ursprünglich erschienen bei Westdeutscher Verlag GmbH Opladen 1984

Herstellung: Westdeutscher Verlag

ISSN 0066-5754

ISBN 978-3-322-98756-3

Inhalt

Clusteranionen: Struktur und Eigenschaften

Von *Hans-Georg von Schnering*, Stuttgart

1. Cluster und Cluster-Anionen

Der Begriff *Cluster* wurde von COTTON [1] für die homonuklearen M_n-Gruppen direkt miteinander verbundener Metallatome M eingeführt. Diese Benennung der Anhäufung oder Zusammenballung von Dingen ist in vielen Bereichen von Kunst und Wissenschaft heute üblich, und schon 1930 hat BRADLEY [2] zur anschaulichen Abgrenzung der typischen Gruppierungen von 26 Metallatomen in den γ-Messingphasen diesen Begriff verwendet. In jenem Fall waren sogar heteronukleare Cluster gemeint, so daß a priori eigentlich kein Zwang besteht, den Cluster-Begriff etwa ausschließlich für die Häufung Gleichartiger zu verwenden. Das Beispiel der γ-Messingphasen ist auch unter einem anderen Gesichtspunkt bedeutsam: Handelt es sich doch bei BRADLEYS M_{26}-Clustern um fiktive Gebilde, die kraft der Vorstellung des Betrachters in einem Kollektiv gesehen und gedanklich herausgelöst werden. Ich meine deshalb, daß dem „korrekten" Blick durch die eigene Brille [3] hier eine große Bedeutung zukommt, zumal bei der Diskussion der eigentlich kollektiven Strukturen fester Stoffe. Es verlangt natürlich den Mut zur Abstraktion, der aber durch das Begreifen kollektiver Strukturen im überschaubaren Bild endlicher Einheiten belohnt wird.

Homonukleare Clusterverbindungen kennt man heute von nahezu allen Elementen des Periodensystems [3], sei es als Polykationen, als Polyanionen oder auch als neutrale Moleküle. Offensichtlich existiert ein Zusammenhang zwischen der Stabilität homonuklearer Cluster und der Atomisierungsenergie der beteiligten Elemente [3, 4], wenngleich letztlich die homonuklearen Bindungen nur mit den heteronuklearen Bindungen konkurrieren können müssen. Die Maxima homonuklearer Bindungsenergien bei den 5A- und 6A-Elementen Nb, Ta, Mo, W sowie bei den 4B-Elementen C, Si, Ge, Sn und den diesen unmittelbar benachbarten Gruppen des Periodensystems der Elemente spiegeln unmittelbar die Besonderheiten dieser Elemente wider [3].

Im folgenden werde ich mich exemplarisch auf die Clusteranionen bei den Nichtmetallen und Metametallen konzentrieren. Die relativ einfachen binären Verbindungen von P, As, Sb oder Si, Ge, Sn mit elektropositiven Metallen liefern eindrucksvolle Beispiele solcher Clusteranionen, die in Aufbau und Eigenschaften die Relationen zwischen Elektronenzahl und Struktur im Sinne von Aufbau und Abbau chemischer Bindungen oder auch im Sinne von schrittweiser Oxidation und Reduktion anschaulich dokumentieren.

2. *Prinzipien von Struktur und Bindung*

Das Element Phospor bildet z. B. mit den Alkalimetallen Verbindungen wie M_3P, MP, M_4P_6, M_3P_7, M_3P_{11}, MP_5, MP_7, MP_{11}, MP_{15}. In der genannten Reihenfolge sind diese zunächst schwarze, dann gelbe bzw. orangenfarbige und äußerst reaktive Stoffe. Ist $P/M \geq 5$, so werden diese meist roten Verbindungen zunehmend inert und ähneln immer mehr dem elementaren Phosphor in seiner roten Modifikation. Diese Variationen von Zusammensetzung und Eigenschaften drücken sich auch unmittelbar in den Strukturen aus (Abb. 1), die den Übergang von quasi-isolierten P-Atomen zur kollektiven Struktur des neutralen Elements über viele bemerkenswerte Zwischenstufen nachbilden. Die auf den ersten Blick unverständlichen Zusammensetzungen fügen sich letztlich überraschend einfachen Kriterien.

Man kann sich zur Beschreibung der Bindungen mit bemerkenswerter Konsequenz der sehr einfachen Betrachtung von Zintl [5] und Klemm [6] bedienen. Danach überträgt man in einer Verbindung A_mB_n formal Elektronen von den elektropositiveren Partnern A zu den elektronegativeren Partnern B und betrachtet die so erzeugten Ionen A^{p+}, B^{q-} als Pseudoelemente E* mit der homonuklearen Bindigkeit der hierzu isoelektronischen Elemente [7]. So ergeben sich die bekannten Zuordnungen $Si^{2-} \triangleq P^{1-} \triangleq S^0 \triangleq Cl^{1+}$ für die homonuklear zweibindigen Einheiten (2b)X oder die Zuordnung $Tl^{2-} \triangleq Si^{1-} \triangleq P^0 \triangleq Te^{1+}$ für dreibindige Einheiten (3b)X. Die Strukturen der genannten Phosphide (Abb. 1) lassen sich letztlich also aus den Atomen und Pseudoatomen (3b)P^0, (2b)P^{1-}, (1b)P^{2-} und (0b)P^{3-} zusammensetzen. Auch die Strukturen der anderen Clusteranionen sind tatsächlich primär von der Valenzelektronenzahl bestimmt und nahezu unabhängig von der Art der aufbauenden Elemente. Deshalb entscheidet die homonukleare Bindigkeit und die isoelektronischen (3b)Tl^{2-}, (3b)Si^{1-}, (3b)P^0 bilden sämtlich die Tetrahedrane X_4.

Unabhängig vom Verhältnis der verschiedenen Bausteine bleiben der Realstruktur polyanionischer Cluster natürlich noch eine ganze Reihe von Realisierungsmöglichkeiten, die zum Aufbau isolierter polyzyklischer Gruppen oder zu ein-, zwei- und dreidimensionalen Polymeren führen können. Und nicht vergessen werden dürfen die unter gleichen Randbedingungen noch weiterhin erlaubten vielfältigen konformativen Varianten [3].

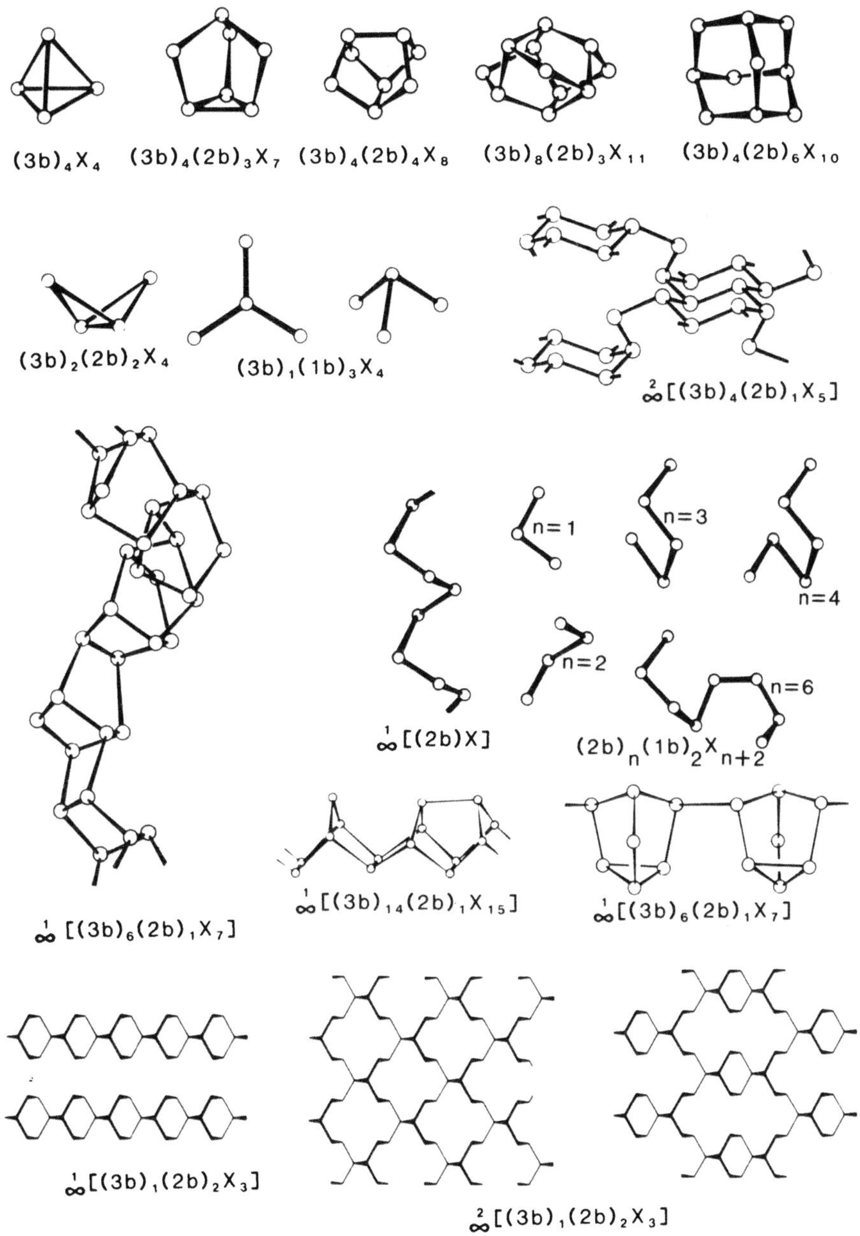

Abb. 1: Beispiele für molekulare und polymere Clusteranionen. Das Symbol X_n gibt die Größe der Einheit an. Die homonukleare Bindigkeit ist in Klammern () vorangestellt. $(3b)_4X_4$ steht z.B. für P_4 oder Si_4^{4-}, $(3b)_4(2b)_3X_7$ für P_7^{3-} oder P_4S_3, $(3b)_8(2b)_3X_{11}$ für P_{11}^{3-}, $^{1}_{\infty}[(3b)_1(2b)_2X_3]$ für P_3^{2-} in BaP_3, $^{2}_{\infty}[(3b)_1(2b)_2X_3]$ für P_3^{2-} bzw. As_3^{2-} in SrP_3, CaP_3, $SrAs_3$, $CaAs_3$ usw.

3. *Clusterverbindungen als Quellen polyzyklischer Systeme*

Die Verbindungen mit homonuklearen Clusteranionen Y_n^{x-} können zu den salzartigen Stoffen gezählt werden, soweit man damit die Wechselwirkungen zwischen den Polyanionen und den zugehörigen Kationen meint. Die Strukturen solcher Stoffe sind also eigentlich kollektiv, d. h. die Abgrenzung molekularer neutraler Spezies ist im allgemeinen nicht bzw. nur mit dem vorher erwähnten Mut zur Abstraktion möglich. Denkt man nun daran, einzelne Teile eines solchen Kollektivs – z. B. die überwiegend kovalent gebundenen Clusteranionen – mit einer „chemischen Schere" zu separieren, so wird man am ehesten bei den Verbindungen mit quasi isolierten Einheiten erfolgreich sein. Von den polyanionischen Verbindungen, die sowohl endliche kettenförmige bzw. käfigartige polyzyklische als auch ein-, zwei- und dreidimensional unendliche polymere Clusteranionen enthalten (Abb. 1), eignen sich vor allem die zuerst genannten für dieses Vorhaben. Die als „chemische Schere" gedachte Reaktion hat dann nämlich nur die Wechselwirkungen zwischen Kationen und Anionen zu trennen, um die im Inneren unverändert kovalent gebundenen Partien der kollektiven Struktur als neutrale Clustermoleküle isolierbar zu machen. Die Gewinnung molekularer Verbindungen durch Heterogenreaktionen an festen Stoffen ist ein lange bekannter Prozeß (z. B. Acetylen aus Calciumcarbid), der allerdings erst vor kurzem erfolgreich auch auf die hier diskutierten neuen Systeme übertragen werden konnte. Das folgende Schema zeigt die wichtigsten Reaktionswege exemplarisch für die Verbindungen M_3Y_7 und M_3Y_{11} (M = Alkalimetall; Y = P, As, Sb), welche durch die besonders schönen polyzyklischen Systeme Y_7 (Nortricyclen) und Y_{11} (Ufosan) ausgezeichnet sind. Das Schema gilt sinngemäß aber auch z. B. für polymere Polyanionen.

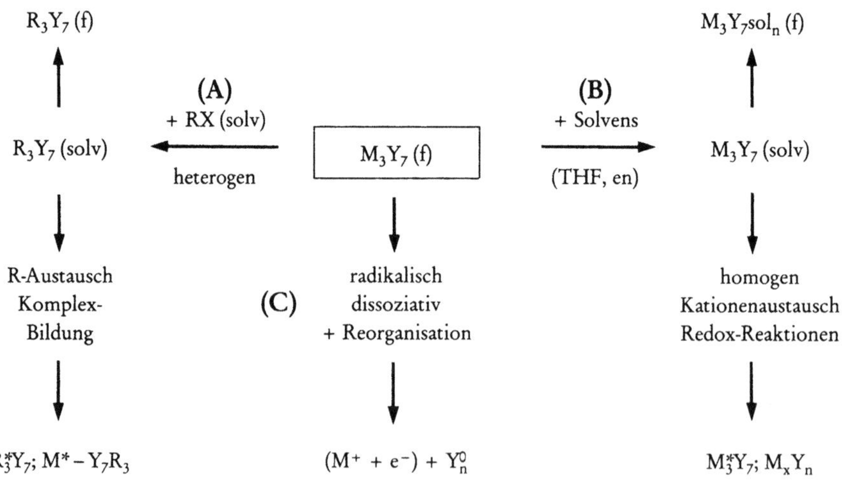

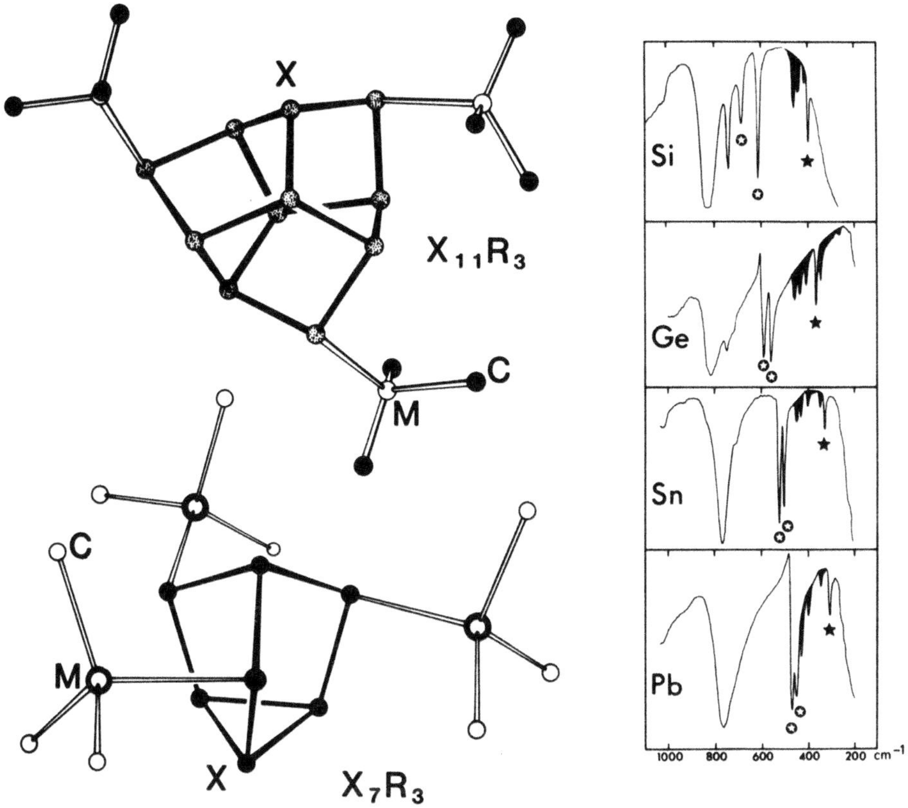

Abb. 2: Einige Beispiele für Reaktionsprodukte, die aus Metallverbindungen mit Clusteranionen erhalten wurden, wie P_7R_3 und $P_{11}R_3$. Änderungen der Infrarotabsorption mit den Substituenten R; man beachte die Konstanz der P_7-Gerüstschwingungen.

Weg (A): In einer heterogenen Reaktion werden mit geeigneten Reaktanden RX (z. B. me_3SiCl) aus den kristallinen Verbindungen M_3Y_7, f Lösungen der solvatisierten Moleküle R_3Y_7, solv. erhalten, aus denen diese Verbindungen dann in kristalliner Form R_3Y_7, f entstehen [8, 9]. Von diesen Materialien führt ein direkter Weg über einen Substituentenaustausch zu neuen Verbindungen $R_3^*Y_7$, die oftmals in großen Ausbeuten gebildet werden [10]. Einige Beispiele sind in Abb. 2 angegeben, nämlich die Verbindungen $As_7\,(Sime_3)_3$, $P_{11}\,(Sime_3)_3$, $P_{11}\,(Snme_3)_3$ und vor allem die komplette Serie $P_7\,(M\,me_3)_3$ mit M = Si, Ge, Sn, Pb sowie $P_7\,(M\,ph_3)_3$ mit M = Sn, Ge [11, 12]. In der genannten Serie nimmt ganz überraschend die Stabilität der Verbindungen an der Luft zu. Die Si-Verbindung wird z. B. augenblicklich in Phosphan und Siloxan zerlegt, während sich die Pb-Verbindung dagegen erst im

Verlauf einiger Tage zersetzt. Interessant sind auch die systematischen Veränderungen in den Infrarot-Spektren. Lediglich die Schwingungen M–P und M–C zeigen die erwarteten Verschiebungen mit der Atommasse. Dagegen bleiben die Gerüstschwingungen der P_7-Käfige von der Substitution vollständig unbeeinflußt [10, 11]. – Alle Versuche zur Bindung von R_3P_7 an Metall (0)-Komplexe sind allerdings bisher fehlgeschlagen. Dies gelang lediglich mit den verwandten Käfigmolekülen P_4 (Si $me_2)_3$ [13].

Weg (B): Die binären Metallverbindungen können mit geeigneten Lösungsmitteln auch in klare, homogene Lösungen überführt werden. Hierfür eignen sich besonders Ethylendiammin (en), flüssiges Ammoniak oder auch in einigen Fällen Tetrahydrofuran (THF). Vor allem die tiefroten Lösungen in en sind schon seit langem bekannt. Sie scheinen zudem typisch für die überwiegende Mehrzahl der Verbindungen mit Polyanionen zu sein, etwa die von Sn_9^{4-}[14, 15, 16]. Wir konnten aber jetzt beobachten, daß Lösungen *reiner* binärer Polyphosphide, wie z.B. Na_3 P_7, in sehr sorgfältig gereinigtem Ethylendiammin *absolut farblos* sind. Mit geringen Spuren von Sauerstoff (durch Zersetzung von HgO erzeugt) tritt die bekannte *tiefrote* Färbung augenblicklich wieder auf. Die intensiven Färbungen sind also offensichtlich keine intrinsischen Eigenschaften der Clusteranionen, sondern werden vielmehr durch Oxidationsprodukte hervorgerufen, deren Identifizierung allerdings bisher nicht gelungen ist [17]. Eine andere Beobachtung betrifft übrigens den weißen Phosphor, der sich mit *tiefroter* Farbe in en löst; diese Lösung wird durch Sauerstoff entfärbt.

Über den Zustand der Metallverbindungen in diesen Lösungen herrscht noch weitgehend Ungewißheit: „Vor der Hacke ist es duster!". In den THF-Lösungen von Li_3P_7 nimmt M. Baudler die Ionen Li^+ und P_7^{3-} an [18]. Es sind gerade jene Lösungen, in denen erstmals an P_7^{3-} die Erscheinung der Valenzfluktuation beobachtet worden ist [19], deren Ablauf später von Gleiter durch ein theoretisches Modell beschrieben wurde [20]. Wir konnten kürzlich auch für Na_3P_7 in en das Auftreten der Valenzfluktuation nachweisen [12]. Nach der Strukturbestimmung an zwei kristallisierten Solvaten, nämlich $Rb_3As_7en_3$ und $Na_4P_{14}en_6$ [17], bestehen jedoch bezüglich des Ablaufs der Valenzfluktuation am polycyklischen Anion P_7^{3-} einige Zweifel. In den kristallinen Solvaten sind nämlich die Kationen ganz überraschend praktisch ausschließlich nach Art von Ionenpaaren an nur *ein* Anion Y_n^{x-} gebunden und im übrigen nur von Solvatmolekülen koordiniert (Abb. 3). Die ungewöhnlichen Konfigurationen entsprechen vollständig denen isolierter, solvatisierter Moleküle M_3Y_7 bzw. M_4Y_{14}. Wir halten diese Strukturen deshalb auch für ein gutes Modell der gelösten Verbindungen und glauben, daß die Valenzfluktuation tatsächlich „metallunterstützt" abläuft (MSVF). Die Beteiligung der Metallatome sollte nach einer einfachen elektrostatischen Abschätzung jedenfalls den

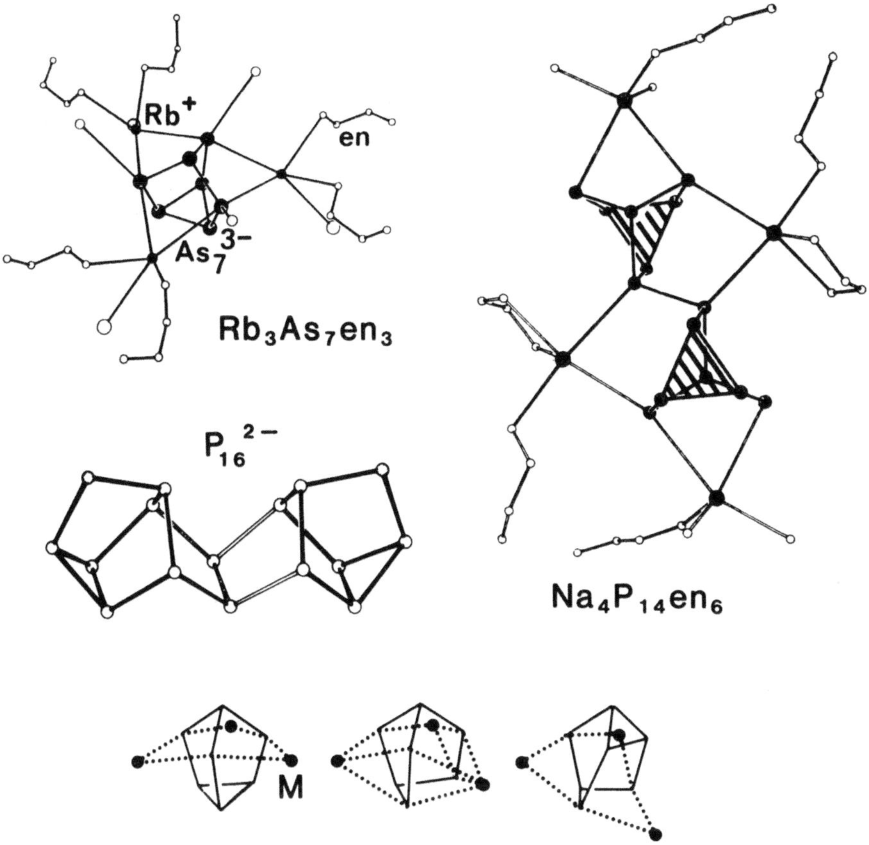

Abb. 3: Strukturen in den beiden Solvaten $Rb_3As_7en_3$ und $Na_4P_{14}en_6$. Modell einer „metallunterstützten" Valenzfluktuation von P_7^{3-}. Das durch Oxidation von P_7^{3-} entstandene Anion P_{16}^{2-}.

energetischen Unterschied zwischen Grundzustand und Übergangszustand merklich vermindern.

Die erste Kristallisation aus den roten Ethylendiammin-Lösungen verdanken wir übrigens einem der glücklichen Zufälle. Eine der berühmten „roten Suppen" wurde nach sechs Wochen nochmals inspiziert und dann von W. Hönle wegen erwiesener Unfruchtbarkeit zur Vernichtung am nächsten Morgen vorgesehen. Die folgende Nacht genügte zur vollständigen Kristallisation von $Rb_3As_7en_3$. Ein Chemiker sollte also auch stets in der richtigen Weise warten können.

Die Lösungen der Metallverbindungen können einerseits für das Studium von Redoxreaktionen unter milden Bedingungen verwendet werden und andererseits als Edukte für Austauschreaktionen der Kationen dienen. So reagiert Na_3P_7 (solv) mit ph_4PCl bzw. ph_4AsCl unter quantitativer Abscheidung von NaCl zu Lösungen von $(ph_4P)_3P_7$ und $(ph_4As)_3P_7$, den ersten Salzen ohne Metallkationen. Aus den Lösungen kristallisieren allerdings die Verbindungen $(ph_4P)_2P_{16}$ bzw. $(ph_4As)_2P_{16}$ als die am schwersten löslichen Stoffe aus [21]. Sie enthalten das neue Clusteranion P_{16}^{2-}, welches durch eine noch unübersichtliche Redoxreaktion in der Lösung gebildet wird (Abb. 3). In einer sehr eindeutig kontrolliert durchführbaren Reaktion bildet sich aus Na_3P_7 und P_4 (solv) dagegen quantitativ Na_4P_{14}, dessen farbloses Solvat $Na_4P_{14}en_6$ durch eine Gegenstromdiffusion von THF aus der en-Lösung kristallin erhalten wird (Abb. 3). Dieses Polyanion P_{14}^{4-}, dessen Derivate schon früher in kleinen Mengen beobachtet wurden [13], stellt den ersten planmäßig vollzogenen Schritt zur Oligomerisierung und schließlich zur vollständigen Polymerisierung von P_7^{3-}-Clustern dar [17].

Weg (C): Ein dritter Weg für Reaktionen der hier vorgestellten binären Metallverbindungen ist die radikalische Dissoziation unter dem Einfluß geeigneter Reaktionspartner. Die bei hohen Temperaturen stets mögliche thermische Zerlegung in die Elemente findet bei 298K natürlich nur dann statt, wenn wenigstens eine der Komponenten zu stabileren Produkten abreagieren kann. Bei Verbindungen wie Na_3P_7 ist dies möglich, wenn die Komponente $Na^0 = (Na^+ + e^-)$ in Na^+, solv und ein stabiles Radikalanion $(R^{\cdot})^-$ überführt wird. Tatsächlich reagiert Na_3P_7 in einer heterogenen Reaktion mit einer Lösung von Benzophenon ph_2CO in THF unter Bildung des bekannten Radikalanions $(ph_2CO^{\cdot})^{1-}$ und den gelösten Na^+-Kationen. Das Polyanion P_7^{3-} wird bei dieser Reaktion entladen, und bei der Neuorganisation bildet sich ein hellroter, amorpher Rückstand einer neuen, noch nicht näher charakterisierten Form des elementaren Phosphors. In allen Einzelheiten geklärt wurde dafür aber eine ganz analoge Reaktion von Li_7Ge_{12} mit ph_2CO in THF [22]. Li_7Ge_{12} ist eine neue Phase im System Lithium/Germanium, die durch eine komplizierte 2-dimensional unendliche Polyanion-Struktur $^2_\infty[Ge_{12}^{7-}]$ ausgezeichnet ist (Abb. 4). Die sehr aktive Verbindung reagiert sofort in der oben beschriebenen Weise unter Bildung des Radikalanions und einer neuen metastabilen Modifikation des Germaniums: *Allo-Ge*. Die Umwandlung erfolgt streng topotaktisch, wobei die valenzmäßig nicht mehr abgesättigten komplexen Schichten des ursprünglichen Polyanions direkt zu allo-Ge polymerisieren. Allo-Ge ist ein diamagnetischer Halbleiter mit graphitartigen mechanischen Eigenschaften. Wegen des topotaktischen Ablaufs der Reaktion werden auch größere Einkristalle von Li_7Ge_{12} direkt in Einkristalle von allo-Ge überführt. Li_7Ge_{12} reagiert auch mit protischen Reagentien topotaktisch zu allo-Ge, Li^+ (solv) und H_2 (g), also ganz überraschend *nicht* unter Bildung von Germanen. Der Wasserstoff tritt bei diesen Reaktionen ausschließlich an den Rändern der 2-dimensionalen Anionen $^2_\infty[Ge_{12}^{7-}]$ auf, was mit dem in Abb. 4 gegebenen Schema ausgezeichnet korrespondiert.

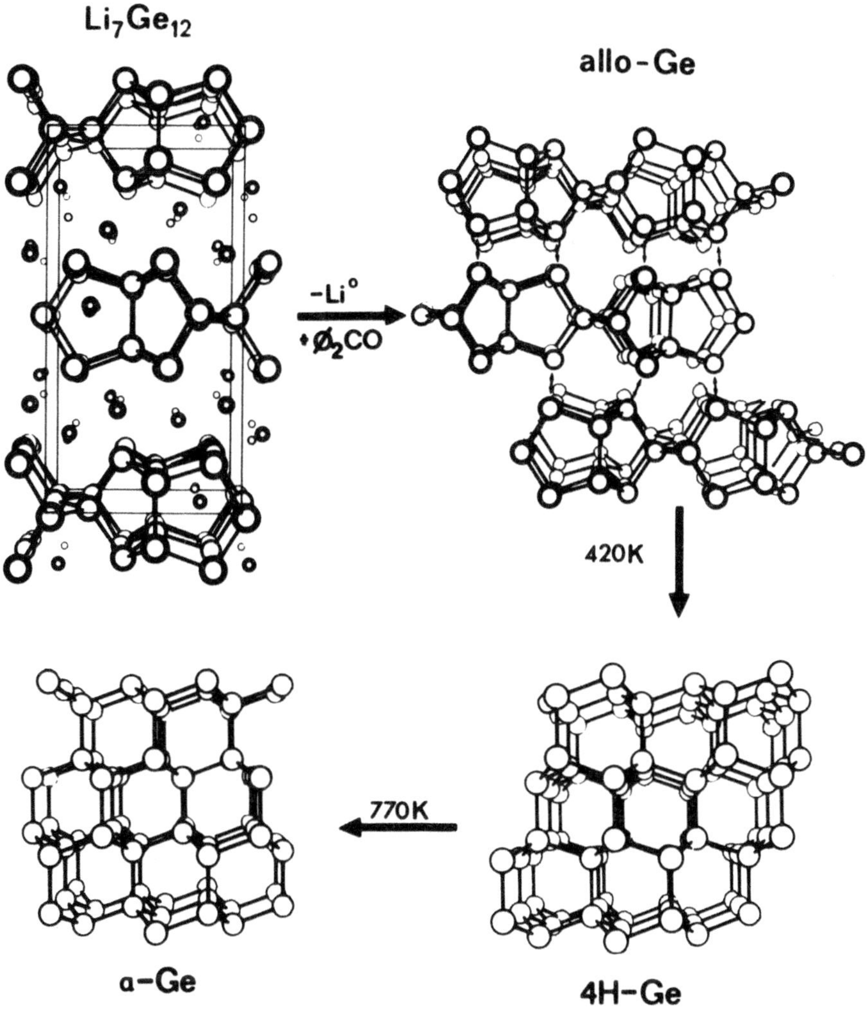

Abb. 4: Schematische Darstellung der topotaktischen Überführung der polyanionischen $^2_\infty[Ge_{12}^{7-}]$-Struktur von Li_7Ge_{12} in die dreidimensionale Struktur von allo-Germanium. Struktur von 4H-Germanium und von α-Germanium.

Allo-Germanium besitzt noch eine andere sehr interessante Eigenschaft. Beim Erhitzen auf 420K wandelt es sich in einer exothermen Reaktion irreversibel in eine weitere neue, metastabile Modifikation des Germaniums, 4H-Ge, um. Es ist dies eine von den SiC-Modifikationen bekannte Stapelvariante tetraedrischer Strukturen, die von erheblichem Interesse ist, weil hier in einer Struktur der tetraedrischen 4B-Elemente neben Sechsringen in der Sesselkonformation auch solche in der energetisch benachteiligten Bootkonformation auftreten. Ähnlich wie in der seit längerem bekannten Hochdruckform 2H-Si weicht das hexagonale Achsenverhältnis vom theoretischen Wert ab, ein Hinweis auf den Einfluß der ungünstigeren Bootform (ecliptische Konfiguration eines Teils der Ge-Ge-Bindungen). Bei etwa 770K beginnt die langsame Umwandlung von 4H-Ge in die stabile Form des α-Germaniums mit der Diamantstruktur. Bei schnellem Aufheizen kann man 4H-Ge sogar schmelzen (1198K); der Schmelzpunkt liegt etwa 10K unterhalb des Schmelzpunktes von α-Ge [22, 23].

Diese Reaktionen zu metastabilen, neuen Formen der Elemente sollten auf breiter Basis verfolgt werden. Wir konnten auch schon bei anderen Elementen (Si, Sn) einige hoffnungsvolle Beobachtungen machen, bisher allerdings ohne vorzeigbare Resultate.

4. Mischkristalle mit Clusteranionen

Das Studium von Mischkristallen kann nach meiner Überzeugung gerade bei Clusterverbindungen viele wichtige Informationen liefern. Auf diesem Gebiet gibt es jedoch bisher nur wenige Untersuchungen. In idealen Mischkristallen sind die Atompositionen statistisch von den verschiedenen sich substituierenden Elementen besetzt. Nun sind aber auch chemisch ähnliche Elemente definitiv verschieden, und deshalb ist die Ausbildung von Clustern Gleichartiger eine der Möglichkeiten, strukturelle Anpassungen an die speziellen Eigenheiten der Atome zu erreichen. In anderen Fällen können die Substitutions-Atome ganz bestimmte Funktionen einer Struktur übernehmen und uns so zeigen, welche Eigenschaften gerade jene funktionellen Positionen besitzen. Beispielsweise ist in Mischkristallen der Trichalcogenide $BaS_3/BaSe_3$die Bildung der symmetrischen Polyanionen SSe_2^{2-} und SeS_2^{2-} deutlich bevorzugt [24]. Ähnlich verhalten sich Mischkristalle NaSi/NaGe bezüglich des gemischten Tetrahedrananions $(Si_2Ge_2)^{4-}$ [25]. Dagegen weicht das System RbGe/NaGe vollständig in die den speziellen strukturellen Anforderungen von Rb und Na angepaßte, neue Struktur $Rb_7Na_1\ (Ge_4)_2$ aus [25]. Unterschiedlich verhalten sich auch Phosphid-Arsenide: (a) Eu $(P_{1-x}As_x)_3$ mit statistischer Verteilung von P und As auf allen Positionen des polymeren Clusteranions $^2_\infty[Y_3^{2-}]$; (b) Li $P_{3,5}As_{3,5}$ mit eindeutiger Präferenz der As-Atome für die peripheren Positionen der Helix $^1_\infty[Y_7^-]$ (Abb. 5).

Etwas Besonderes sind die Mischphasen im Bereich der plastisch-kristallinen Strukturen von M_3P_7 und M_3P_{11} mit den voneinander doch sehr verschiedenen polyzyklischen Systemen P_7^{3-} und P_{11}^{3-} (Abb. 5). Hier könnte es nämlich gelingen, die Reaktion $P_7^{3-} + P_4 \rightleftarrows P_{11}^{3-}$ im Kristall ablaufen zu lassen, denn die beiden verschiedenen Clusteranionen umgeben im Kristall äquivalente Positionen und

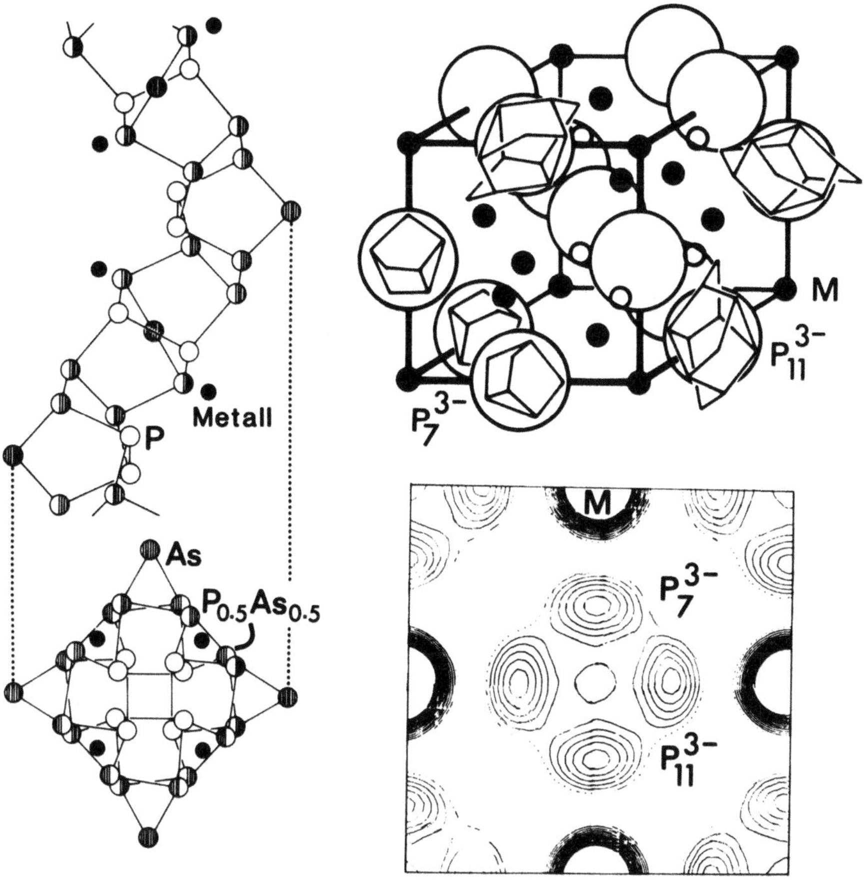

Abb. 5: Präferenz der Arsenatome für die peripheren Positionen in der polyanionischen Helix $^{1}_{\infty}[(3\,b)_6(2\,b)_1X_7]$ von LiP_7 in Mischkristallen. Struktur der plastisch-kristallinen Phasen bzw. Mischphasen M_3P_7/M_3P_{11}.

sind sich zudem statistisch auch benachbart [3, 17]. Eine wichtige Aufgabe im präparativen Bereich wird es sein, solche Mischkristalle ohne thermische Beanspruchung darzustellen (z. B. aus Lösungen), um dann Reaktionen thermisch auslösen zu können.

5. *Strukturen als Reaktionsschritte*

Verbindungen mit Clusteranionen eigenen sich ausgezeichnet für Betrachtungen, wie sie von Dunitz und Bürgi zum Ablauf chemischer Reaktionen allein durch die Diskussion statischer Kristallstrukturen entwickelt wurden [26]. Der Vergleich von Konfiguration und Konformation der Clusteranionen z. B. bei Substitution der Kationen erlaubt Aussagen zur Dynamik der homonuklearen Teilstrukturen, und Phasentransformationen zeigen oft direkt Details chemischer Reaktionen [3]. Einige Beispiele mögen hier genügen:

(a) Triklines CaP_3 durchläuft bei 990K einen Phasenübergang zweiter Ordnung in die monokline $SrAs_3$-Struktur. Das polymere Polyanion (Abb. 1) ändert dabei lediglich seine Konformation durch Variation der Torsionswinkel an den P-P-Bindungen. Die Verbindungen $CaAs_3$ (triklin), $SrAs_3$ (monoklin) und $BaAs_3$ (monoklin) bilden statisch diesen Vorgang als Reaktionsschritte nach (Abb. 6). Dabei findet man gleichzeitig einen Übergang Halbleiter $\rightleftarrows$ Metametall $\rightleftarrows$ Halbleiter, was mit der Änderung von nicht-bindenden Abständen im Polyanion zusammenhängt [27]. Die drei Strukturen können als Schritte einer Reaktion sowohl mit steigender Temperatur als auch mit abnehmendem Druck angesehen werden.

(b) In der Struktur von Th_2P_{11} [28] sind im Bereich des polymeren Anions teils P_6-Ringe, teils P_3-Fragmente solcher Ringe eingelagert. Die gesamte Struktur ist durch eine Folge geschlossener und geöffneter P_6-Ringe periodisch moduliert. Im Detail erkennt man, daß die Änderung ausschließlich in der periodischen Schwankung einer einzigen P-P-Bindung besteht, durch welche die Ringe geöffnet und geschlossen, P_3-Fragmente an den polymeren Teil gebunden bzw. von ihm gelöst und schließlich auch formale Ladungen transferiert werden. Die Umgebung des einen „mobilen" Phosphoratoms besitzt exakt diejenige Konfiguration, welche man üblicherweise den beiden Grenzzuständen einer S_N2-Reaktion zuschreibt.

(c) Ca_2As_3 und Eu_2Sb_3 gehören zu den Defektstrukturen $M_4Y_6\square_2$, die sich von trigonal-prismatischen Mutterstrukturen des Typs MX_2 herleiten lassen [29]. Die Defekte sind in diesen Strukturen derart geordnet, daß im einen Fall die kettenförmigen Polyanionen Y_4^{6-} und Y_8^{10-} nebeneinander, im anderen Fall aber nur Y_6^{8-}-Ketten vorliegen (Abb. 6). In solchen Strukturen bietet es sich geradezu an, nach Phasenübergängen zu suchen, in deren Verlauf allein durch eine Umordnung benachbarter Defekte in den M_6-Prismen eine chemische Reaktion $Y_4 + Y_8 \rightleftarrows 2\,Y_6$ zwischen den Clusteranionen ablaufen würde. Solche Vorgänge könnten natürlich auch – ähnlich wie vorher beschrieben – schrittweise durch Substitution der Kationen nachgebildet werden.

6. Clusteranionen, elektrostatisch betrachtet

Nach ZINTL und KLEMM kann man die Strukturprinzipien der hier diskutierten Verbindungen angeben (vgl. Abschnitt 2), wenn Elektronen von den elektro-

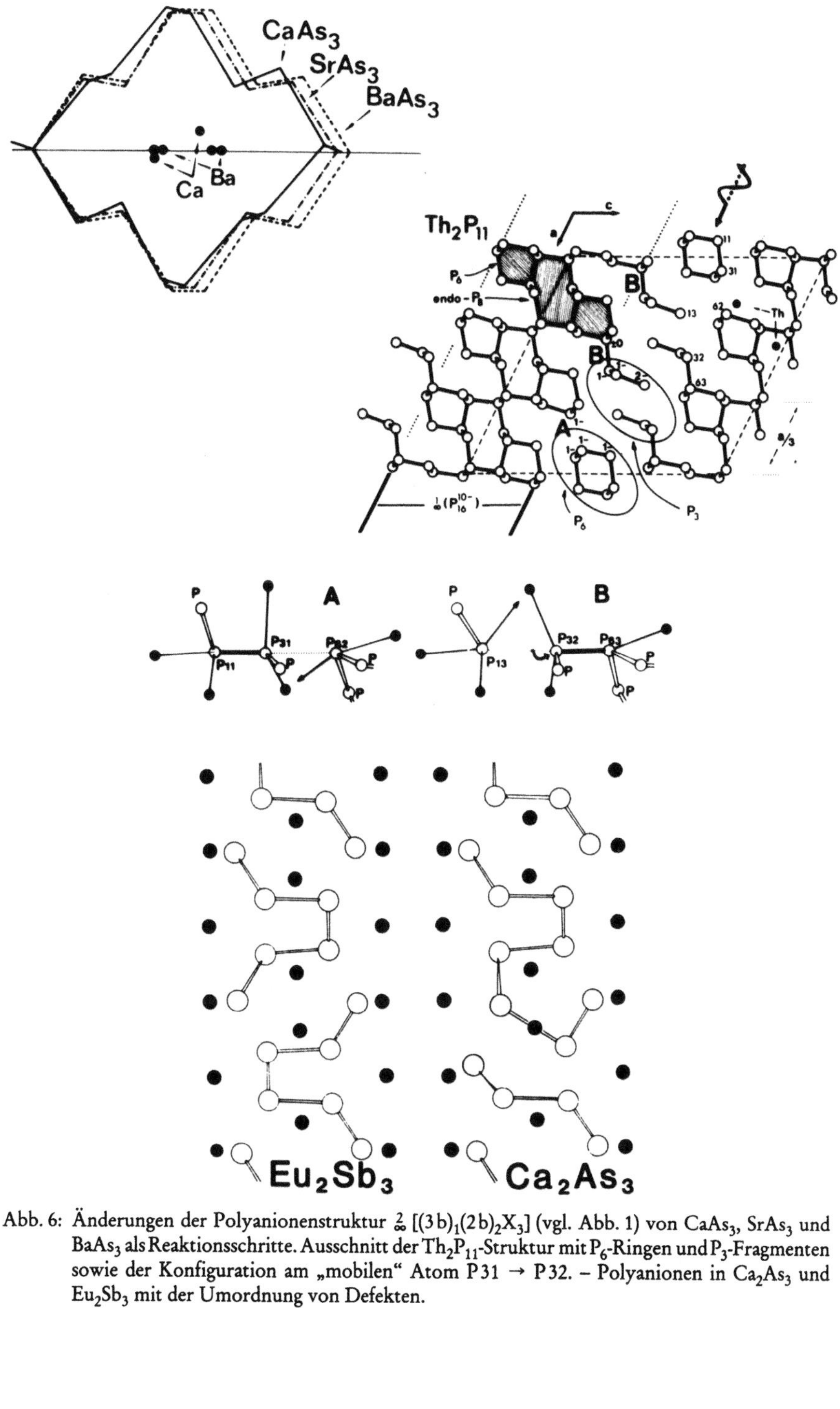

Abb. 6: Änderungen der Polyanionenstruktur $^{2}_{\infty}[(3b)_1(2b)_2X_3]$ (vgl. Abb. 1) von $CaAs_3$, $SrAs_3$ und $BaAs_3$ als Reaktionsschritte. Ausschnitt der Th_2P_{11}-Struktur mit P_6-Ringen und P_3-Fragmenten sowie der Konfiguration am „mobilen“ Atom P31 → P32. – Polyanionen in Ca_2As_3 und Eu_2Sb_3 mit der Umordnung von Defekten.

positiven Komponenten auf die elektronegativen transferiert und die so gebildeten Kationen und Anionen als Pseudoatome E* bezüglich der zu erwartenden kovalenten Bindungen mit isoelektronischen neutralen Atomen verglichen werden [3]. Kann man dann auch noch erwarten, daß die Gitterenergie dieser Verbindungen mit einem elektrostatischen Ansatz berechnet werden kann? Die Strukturen haben ja wegen der die Clusteranionen auszeichnenden direkten Nachbarschaft gleichartiger Atome mit elektrostatisch ausgeglichenen Anordnungen wenig gemeinsam. So wäre doch z. B. das Bauprinzip von Na_2S_2 symbolisch mit $Na^+ \ldots {}^{1-}S-S^{1-} \ldots Na^+$ usw. zu beschreiben. Nun hat KAPUSTINSKII [30] gezeigt, daß die Bildungsenthalpie fester Stoffe mit hinreichender Genauigkeit berechnet werden kann – und zwar unabhängig von deren realer Struktur –, wenn für die im Born-Haber-Zyklus benötigte Gitterenergie $U_{BH} = U_K$ gesetzt wird. Dabei ist $U_K = k \cdot A \cdot \Sigma z_i \cdot R^{-1}$ (A = Born-Abstoßung; z_i = Ladungen der Ionen; R = Abstand M – Y) ohne eine eigentlich strukturspezifische Größe. Die Konstante k enthält nämlich im wesentlichen nur den Madelung-Faktor der NaCl-Struktur! Auf dem Niveau der Gesamtenergie gilt also: „Alles ist Kochsalz!“. In der Natur kristalliner Stoffe herrscht offensichtlich das Prinzip optimaler Energienutzung, denn wie die reale Struktur auch gebaut, wie groß die effektiven Ladungen auch seien, es ist energetisch nichts anderes, als wenn starre Partikeln mit den ganzzahligen Ladungen m^+ und n^- auf die für kondensierte Phasen typischen Abstände R zu einer NaCl-Struktur zusammengefügt wären. Berechnet man andererseits die elektrostatische Gitterenergie der *realen Struktur* mit den Ladungen m^+ und n^- (MAPLE nach HOPPE [31]), so wird diese beträchtlich von U_K abweichen, denn wir haben es bei den Clusterverbindungen doch mit elektrostatisch ungünstigen Strukturen zu tun. Nun sind im ZINTL-KLEMM-Konzept aber implizit auch die kovalenten Bindungen im Bereich der Cluster enthalten. Ist also die Energiedifferenz $\Delta E = U_K - \text{MAPLE}$ mit den kovalenten Bindungsenergien E_b der Atome im Cluster korreliert? Das ist in der Tat der Fall!

Ich habe für eine große Anzahl von binären Verbindungen mit Clusteranionen die notwendigen Rechnungen durchgeführt [3] und eine ausgezeichnete lineare Relation zwischen ΔE und E_b [32] gefunden (Abb. 7). Die elektrostatische Behandlung von Clusterverbindungen unterstützt also auch auf der energetischen Seite das Konzept von ZINTL und KLEMM und verspricht außerdem für die Metallcluster-Verbindungen brauchbare Abschätzungen der homonuklearen Bindungsenergien.

7. Clusteranionen, ein weites und ergiebiges Feld

Ich habe mich im wesentlichen auf Clusteranionen des Phosphors beschränkt, um an einem Element die strukturelle Vielfalt, das schrittweise Verändern einer

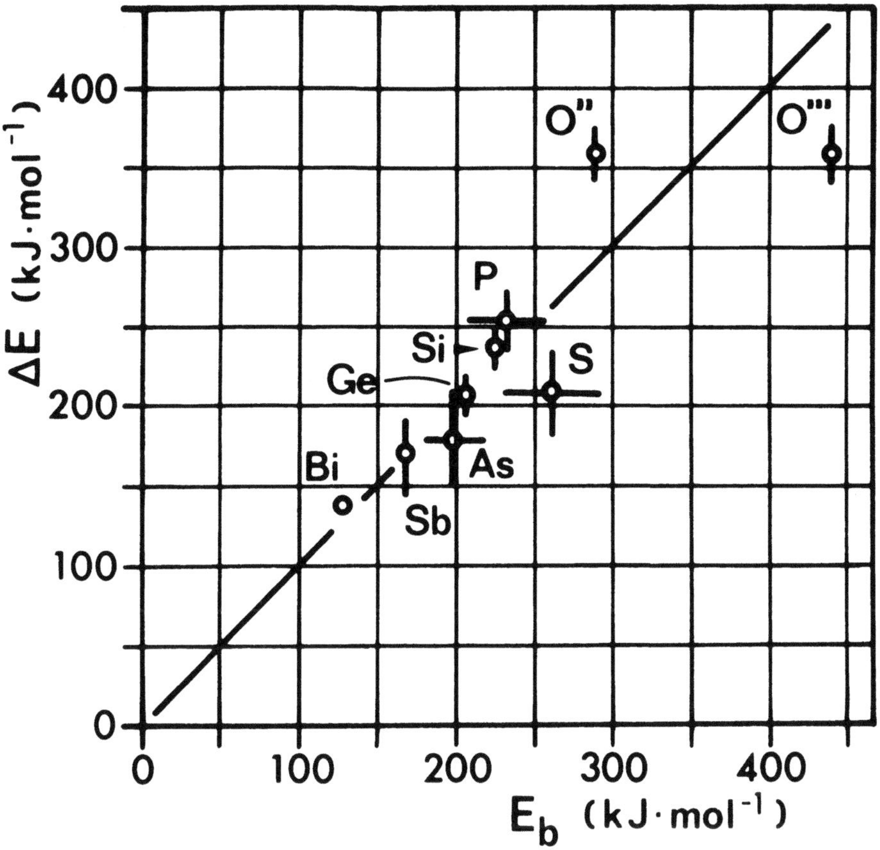

Abb. 7: Linearer Zusammenhang zwischen der Energiedifferenz $\Delta E = U_K$-MAPLE und der Bindungsenergie E_b pro homonuklearer Bindung in Verbindungen mit Polyanionen [3].

Elementstruktur und auch dynamische Vorgänge in solchen Einheiten zu demonstrieren. Die im Periodensystem benachbarten Elemente lassen sich in dieses Bild zwanglos einfügen. Vor allem bieten Silicium und Germanium mit ihren binären Metallverbindungen noch eine Fülle lohnender Quellen für ungewöhnliche Molekülverbindungen, wie zum Beispiel die Verbindungen mit den Tetrahedran-Anionen Si_4^{4-}, Ge_4^{4-}, $(Si_{1-x}Ge_x)_4^{4-}$ [25] oder die Verbindung $Li_{12}Si_7$ mit dem faszinierenden trigonal-planaren Si_4-Stern [33]. Die Bildung von allo-Germanium nährt auch die Hoffnung, einmal einen Nortricyclen-Phosphor, einen Ufosan-Phosphor oder gar ein Tetrahedran-Silicium zu erhalten, wo in den Elementstrukturen die Atome (3b)P bzw. (4b)Si durch $(3b)P_7$, $(3b)P_{11}$ oder $(4b)Si_4$ ersetzt sind.

Bei den physikalischen Charakterisierungen besteht noch ein gewaltiger Nachholbedarf. Zur quantitativen Beschreibung der Zusammenhänge von Struktur und

Eigenschaften sind physikalische Daten und deren *professionelle Auswertung* unabdingbar.

Begonnen haben wir mit einem größeren Programm zur Bestimmung und Berechnung von Elektronendichten insbesondere der Lithium- und Natriumverbindungen von Silicium und Phosphor. Diese Untersuchungen, mit bereits sehr ermunternden Resultaten an NaSi, $Li_{14}Si_6$, $Li_{12}Si_7$ und SiP_2 [34, 35], sollten schließlich zum Verständnis des ZINTL-KLEMM-Konzepts wesentlich beitragen können.

Literatur

[1] F. A. Cotton, Q. Rev. Chem. Soc. *20,* 389 (1966)
[2] A. J. Bradley and P. Jones, J. Inst. Metals *51,* 131 (1933)
[3] H. G. v. Schnering, Angew. Chem. *93,* 44 (1981), Angew. Chem. Int. Ed. Engl. *20,* 33 (1981)
[4] H. Schäfer und H. G. v. Schnering, Angew. Chem. *76,* 833 (1964)
[5] E. Zintl, Angew. Chem. *52,* 1 (1939)
[6] W. Klemm, Proc. Chem. Soc. London *1958,* 329; vgl. auch in „Festkörperprobleme", Vol. III, Vieweg, Braunschweig 1963
[7] H. G. v. Schnering, „Catenation of Phosphorus Atoms" in A. Rheingold (Edit.): „Homoatomic Rings, Chains and Macromolecules of the Main Group Elements", Elsevier, Amsterdam 1977
[8] G. Fritz und W. Hölderich, Naturwissenschaften *62,* 573 (1975)
[9] H. G. v. Schnering, S. Fenske, W. Hönle, M. Binnewies und K. Peters, Angew. Chem. *91, 755 (1979), Angew. Chem. Int. Ed. Engl. 18,* 679 (1979)
[10] D. Weber, C. Mujica, H. G. v. Schnering, Angew. Chem. *94,* 869 (1982), Angew. Chem. Int. Ed. Engl. *21,* 863 (1982), Angew. Chem. Suppl. *1982,* 1801–1812
[11] G. Fritz, K. D. Hoppe, W. Hönle, D. Weber, C. Mujica, V. Manriquez, H. G. v. Schnering, J. Organomet. Chem. *249,* 63 (1983)
[12] H. G. v. Schnering, W. Hönle, D. Weber, V. Manriquez, C. Mujica (in Vorbereitung)
[13] G. Fritz, R. Uhlmann, Z. Anorg. Allg. Chem. *465,* 59 (1980); sowie W. Hönle, H. G. v. Schnering, Z. Anorg. Allg. Chem. *465,* 72 (1980)
[14] E. Zintl, J. Goubeau, W. Dullenkopf, Z. Phys. Chem. *A 154,* 1 (1931); E. Zintl, A. Harder, ibid. *A 154,* 47 (1931); E. Zintl, W. Dullenkopf, Z. Phys. Chem. *B 16,* 183 (1932); E. Zintl, H. Kaiser, Z. Anorg. Allg. Chem. *211,* 113 (1933)
[15] J. D. Corbett, D. G. Adolphson, D. J. Merryman, P. A. Edwards, F. J. Armatis, J. Am. Chem. Soc. *97,* 6267 (1975)
[16] L. Diehl, K. Khodadedeh, D. Kummer, J. Strähle, Chem. Ber. *109,* 3404 (1976)
[17] W. Hönle, H. G. v. Schnering (in Vorbereitung)
[18] M. Baudler, T. Pontsen, J. Hahn, W. Ternberger, F. Faber, Z. Naturforsch. *B35,* 517 (1980)
[19] M. Baudler, Angew. Chem. *94,* 520 (1982), Angew. Chem. Int. Ed. Engl. *21,* 492 (1982)
[20] M. C. Böhm, R. Gleiter, Z. Naturforsch. *B36,* 498 (1981)
[21] H. G. v. Schnering, V. Manriquez, W. Hönle, Angew. Chem. *93,* 606 (1981), Angew. Chem. Int. Ed. Engl. *20,* 594 (1981)
[22] A. Grüttner, R. Nesper, H. G. v. Schnering, Angew. Chem. *94,* 933 (1982), Angew. Chem. Int. Ed. Engl. *21,* 912 (1982)
[23] A. Grüttner, Dissertation, Univ. Stuttgart, 1982
[24] H. G. v. Schnering, N. K. Goh (in Vorbereitung); N. K. Goh, Dissertation, Univ. Münster, 1974
[25] J. Llanos, R. Nesper, H. G. v. Schnering, Angew. Chem. (im Druck)
[26] J. D. Dunitz, Perspect. Struct. Chem. *2,* 1 (1968); H.-G. Bürgi, Angew. Chem. *87,* 461 (1975), Angew. Chem. Int. Ed. Engl. *14,* 460 (1975)
[27] W. Bauhofer, M. Wittmann, H. G. v. Schnering, J. Phys. Chem. Solids *42,* 687 (1981)
[28] H. G. v. Schnering, M. Wittmann, R. Nesper, J. Less Common Met. *76,* 213 (1980)
[29] R. Nesper, H. G. v. Schnering, Tschermaks mineralog. petrogr. Mitt. (im Druck)
[30] K. F. Kapustinskii, Z. Phys. Chem. *B 22,* 257 (1933); Q. Rev. Chem. Soc. *10,* 283 (1956)

[31] R. Hoppe, Angew. Chem. *78,* 52 (1966); Angew. Chem. Int. Ed. Engl. *5,* 95 (1966)
[32] R. T. Sanderson, „Chemical Bonds and Bond Energy“, 2. Aufl., Academic Press, New York 1976
[33] H. G. v. Schnering, R. Nesper, J. Curda, K.-F. Tebbe, Angew. Chem. *92,* 1070 (1980); Angew. Chem. Int. Ed. Engl. *19,* 1033 (1980)
[34] H. G. v. Schnering, R. Nesper, D. Stoilova, C. Ramirez (unveröffentlicht)
[35] T. Chattopadhyay, H. G. v. Schnering, Z. Kristallogr. (im Druck)

Diskussion

Herr Engl: Erscheint es denkbar, daß das Bariumtriarsenid, welches ja als Halbleiter vorliegt, unter Anwendung von äußerem Druck in den metallischen Zustand übergeht? Und: Wie groß müßte nach Ihren Schätzungen ein solcher Druck sein? Läßt er sich phänomenologisch erzeugen?

Herr von Schnering: An dem genannten Bariumarsenid sind solche Versuche noch nicht gemacht worden, wenngleich in unserem Institut die Hochdruckgruppe unter der Leitung von Herrn Hochheimer sehr aktiv tätig ist. Ich persönlich würde, um konkret auf Ihre Frage einzugehen, einer Umwandlung von $BaAs_3$ unter Druck eine Chance einräumen, zumal wir schon durch Mischkristallbildung mit Calcium/Strontium und auch Phosphid/Arsenid die Phasenumwandlung von der höhersymmetrischen monoklinen in die niedersymmetrische trikline Struktur erreichen konnten und dabei auch genau die von Ihnen angesprochenen Änderungen der physikalischen Eigenschaften im Sinne eines Halbleiter-Metall-Übergangs beobachtet haben. Es spricht also vieles dafür, daß diese Umwandlungen auch unter Druck erreicht werden können. Hierzu sollten schätzungsweise einige kbar ausreichen.

Herr Engl: Das wäre doch besonders interessant, weil man dann sozusagen stetig den Übergang von einem halbleitenden Zustand in einen metallischen Zustand in einzelnen Phasen, in kleinen Schritten studieren könnte.

Herr von Schnering: Ja, es erscheint auch uns ungewöhnlich interessant zu sein.

Herr Wilke: Herr von Schnering, in Ihrem Periodensystem haben Sie verschiedene Bereiche aufgezeigt, in denen Cluster gebildet werden, und in einen dieser Bereiche fällt auch der Kohlenstoff. Würden Sie einen Einkaräter zum Beispiel als einen Riesencluster bezeichnen?

Herr von Schnering: Ja, wenn Sie so wollen, ist das ein Riesencluster, noch dazu mit einer schönen Oberfläche.

Herr Wilke: Und die Verunreinigungen auf den Schliffflächen sind dann die Liganden.

Herr von Schnering: Ja, das sind die Liganden.

Herr Wilke: Aber ich möchte eigentlich etwas anderes fragen. Wir haben schon mehrmals über das P_7R_3 gesprochen, eine Verbindung, die mich natürlich außerordentlich interessiert, denn P_7R_3 könnte ein hochinteressanter Ligand für Übergangsmetalle sein. Haben Sie mittlerweile schon irgendwelche Versuche gemacht, dieses P_7R_3 als Liganden an ein Metall zu binden?

Herr von Schnering: Ja. Es gibt sowohl bei uns in Stuttgart als auch bei Gerhard Fritz in Karlsruhe sehr intensive Versuche, allerdings merkwürdigerweise ohne jeden Erfolg mit dem P_7-Cluster. Es geht besonders gut mit dem abgewandelten Käfig, in dem die drei zweibindigen Phosphoratome durch drei Siliciumatome ersetzt sind. Hier bilden sich spontan Metallkomplexe, nicht aber mit P_7^{3-}. Möglicherweise spielen hierbei aber ganz sekundäre Effekte eine Rolle.

Herr Schäfer: Die verschiedenen Konformationen in den Stoffen kommen doch wahrscheinlich durch den Einfluß der Metalle zustande. Kann man das irgendwie erkennen und koordinieren?

Herr von Schnering: Wir haben hierzu schon viele Überlegungen angestellt. Es ist uns aber nicht gelungen, wirklich einfache und einsichtige Korrelationen zu finden. Das bedeutet natürlich nicht, solche wären nicht vorhanden, eher im Gegenteil.

Herr Peschl: Ich möchte als Laie eine Frage stellen. Sie haben von hohen Drucken gesprochen, die eventuell benötigt werden. Es gibt nun in geologischen Zeiträumen wirklich alle möglichen Naturereignisse mit sehr, sehr hohen Drucken. Könnten da nicht Naturstoffe entstehen, die für Sie interessant sind?

Herr von Schnering: Das glaube ich ganz sicher. Ich sollte hier an dieser Stelle vielleicht einmal sagen, daß ich sehr überrascht war von der großen Anzahl auch sehr komplizierter Stoffe, die in der Natur vorkommen; natürlich nicht gerade Polyphosphide, aber doch im Prinzip verwandte Strukturen. So haben wir eine Reihe von Verbindungen mit Silberclustern gemacht und später bei der Diskussion der Struktur festgestellt, daß das wesentliche Prinzip der Struktur in der Natur in Form des Minerals Tetrahedrit weit verbreitet ist. Das bedeutet für mich, daß die Natur geradezu optimal die Möglichkeiten ausschöpft, selbst in der unbelebten Region auch ganz komplizierte Anordnungen aufzubauen. Ich könnte mir also –

um auf Ihre Frage zurückzukommen – durchaus vorstellen, bestimmte durch hohe Drucke besonders begünstigte Strukturen oder auch Verbindungen in der Natur realisiert zu finden.

Herr Schreyer: Als Mineraloge darf ich hier gleich etwas anschließen. Würden Sie den Pyrit FeS_2 auch schon als eine Clusterstruktur bezeichnen?

Herr von Schnering: Ich glaube, man sollte nicht in die Semantik verfallen. Erlauben Sie mir deshalb hierzu eine kleine Bemerkung zur Dimensionalität. Im dreidimensionalen Raum benötigt man zum Aufbau eines „Cluster" im Sinne des Wortes offensichtlich *vier* Partikel, die zudem nicht in einer Ebene liegen dürfen. Will man also Dreiercluster zulassen – und dies wird üblicherweise getan –, dann erlaubt man bereits formal zweidimensionale Strukturen. Der Schritt zu den Atompaaren ist damit vorgezeichnet: Paare sind die kleinsten eindimensionalen Cluster. Ich beantworte Ihre Frage deshalb großzügig, wenn ich sage: Auch zwei Atome sind ein Cluster. Bei meinen Überlegungen über Cluster schließe ich jedenfalls auch die vielen Pyritvarianten mit ein, schon um mir nicht den Blick auf allgemeine Zusammenhänge unnötig zu verstellen.

Herr Schreyer: Triarsenide gibt es ja auch in der Natur, etwa als Skutterudit $CoAs_3$. Hat dieser eine andere Struktur?

Herr von Schnering: Ja. in der Skutterudit-Struktur sind Vierringe enthalten. Die asymmetrische Einheit im Kristall ist $Co_4As_{12} = Co_4(As_4)_3$.

Herr Larenz: Läßt sich beim wechselweisen Aufbrechen und Schließen von Verknüpfungen zwischen Atomen im Molekül so etwas wie das Auftreten charakteristischer Frequenzen beobachten?

Herr von Schnering: Wenn ja, dann sollten diese mit den Geschwindigkeiten der Umknüpfungsreaktionen korrespondieren und man könnte an charakteristische Relaxationszeiten denken. Aber darüber weiß ich zu wenig, um etwas vernünftiges sagen zu können.

Herr Schäfer: In wie vielen Fällen können Sie eigentlich mit Lösungsmitteln Ihre Cluster wirklich herausbekommen? Ihr Bildchen mit dem Natriumchlorid hat mir nicht gefallen. Das wirkt irgendwie gewalttätig. Das Gleiche gilt auch für Ihre „Brille". Dann kann man auch gucken und sagen: Das ist ein Cluster. So kann man das natürlich machen, aber mir bedeutet dies gar nichts. Die Frage ist doch, welche der Einheiten man wirklich herauslösen oder auch durch Verdampfen auf irgendeine Weise isolieren kann. Das betrifft doch sicher nur einen Bruchteil.

Herr von Schnering: Aus festem Natriumchlorid können Sie durch Verdampfen doch sofort Cluster erhalten.

Herr Schäfer: Okay. Das ist aber eine andere Sache.

Herr von Schnering: Ich glaube, wir sollten dieses Thema jetzt nicht vertiefen. Erlauben Sie mir aber, Ihnen etwas zurückzuspielen: Wir beide haben doch praktisch mit Hilfe der besagten „Brille" das Niobmonoxid in Form kondensierter Cluster beschrieben und dabei etwas ganz Vernünftiges vollbracht. Der Unterschied zum Beispiel des Kochsalzes ist doch nicht sehr groß. Ich weiß auch nicht, ob es gut ist zu sagen, man dürfe in der Argumentation den Begriff „Cluster" erst dann benutzen, wenn es gelingt, diese Gebilde oder deren Derivate geschlossen in die Gasphase oder in irgendeiner Form in die Lösung zu überführen.

Herr Schäfer: Wenn das nicht der Fall ist, dann heißt das doch: Im festen Zustand gibt es eben noch andere zusätzliche Bindungen, die dafür verantwortlich sind, daß der „Cluster" überhaupt existiert.

Herr von Schnering: Aber das, Herr Schäfer, kann doch graduell sehr verschieden und in einigen Fällen auch wirklich minimal sein.

Herr Schäfer: Das ist wahr.

Herr von Schnering: Bei der Beschreibung von K_2PtCl_6 als Hexachloroplatinat würde man sagen: Das ist eine gute Beschreibung sowohl für den festen Zustand als auch für die Lösung. Aber wie viele Strukturen gibt es auch, in denen ein klassischer Komplex im festen Zustand eindeutig auszumachen ist, dieser aber dennoch in gleicher Form in der Lösung gar nicht auftritt. In diesen Fällen würde man auch nicht sagen, daß der Komplex im festen Zustand nicht als solcher betrachtet werden kann. Schließlich sind selbst im Hexachloroplatinat auch noch die Wechselwirkungen zwischen Chlor und Kalium vorhanden. Die Frage ist eigentlich nur, ob diese von gleicher Stärke sind, und was im einzelnen an Reorganisationen abläuft, wenn man in die Gasphase oder in die Lösung übergeht. Ich würde die Definition einer abgrenzbaren Einheit also nicht zu eng fassen.

Herr Engl: Haben Ihre Kollegen von der Physik die Bandstruktur des allo-Germaniums, das Sie hier erzeugt haben, schon einmal untersucht? Wie unterscheidet sich diese von der des alpha-Germaniums?

Herr von Schnering: Es sind erste Messungen der Leitfähigkeit durchgeführt worden, die aber noch wenig befriedigend sind. Sie haben nämlich gezeigt, daß die

Bandlücke größer als bei alpha-Germanium sind, und das halte ich persönlich doch für sehr unwahrscheinlich. Wenn man allo-Germanium betrachtet und auch anfaßt, stellt man fest, daß es sich um eine Schichtstruktur handelt. Man kann nach meiner Meinung deshalb gar nicht verhindern, daß durch den genannten Darstellungsweg noch Bedeckungen der Schichten durch Lösungsmittel oder auch Reagentien vorhanden sind, welche diese Messungen verfälschen. Wir wissen zum Beispiel aus den ESCA-Messungen von Herrn Ley, daß auch auf frischen Spaltflächen noch erhebliche Bedeckungen vorhanden sind. Die Messungen müssen also sicher wiederholt werden. Was nun die Bandstruktur angeht, so wissen Sie sicherlich auch, daß Rechnungen mit vier oder vielleicht auch acht Atomen pro Elementarzelle sehr, sehr schwierig werden. Ich möchte mit dieser Aussage natürlich keinen der Kollegen kränken. Das allo-Germanium besitzt aber eine Kristallstruktur mit 128 Atomen pro Elementarzelle und zusätzlich merkliche Stapelfehlordnungen, so daß Rechnungen wohl ziemlich aussichtslos sind. Wesentlich leichter dürfte dies jedoch beim 4H-Germanium mit nur acht Atomen pro Zelle gehen. Solche Rechnungen sind geplant.

Herr Schäfer: Nochmals zum 4H-Germanium. Sie sagten, das könnten Sie unter Umständen aus der Schmelze ziehen. Aber wahrscheinlich entsteht doch das normale alpha-Germanium aus der Schmelze.

Herr von Schnering: Das ist richtig. Ich stelle mir aber folgendes vor: Wenn man die Temperatur schnell steigert, kann man die Umwandlung in alpha-Germanium verzögern. Dann wäre es denkbar, oder zumindestens hoffen wir es, daß beim Erreichen des Schmelzpunktes noch für eine gewisse, wenngleich auch sicher begrenzte Zeit noch Keime der 4H-Form vorliegen, die wachsen könnten.

Herr Schäfer: Und wenn Sie die Schmelze abkühlen?

Herr von Schnering: Wenn die gesamte Probe aufgeschmolzen war, dann entsteht ausschließlich das normale alpha-Germanium. Die Frage ist nur, ob es gelingt, am Schmelzpunkt die Umwandlung der metastabilen 4H-Form hinauszuzögern.

Herr Schäfer: Die Umwandlung muß doch exotherm sein.

Herr von Schnering: Das ist sie auch. Aber die Energieaufnahme ist nur noch minimal, der Stabilitätsunterschied also sehr gering. Der wesentlich größere Energiesprung tritt bereits bei tieferen Temperaturen, nämlich beim Übergang von allo-Germanium zu 4H-Germanium auf. Wir haben gerade deshalb gewisse Hoffnungen, eine Kristallzucht zu schaffen.

Herr Staufenbiel: Ich habe zwei Fragen. Die erste: Was ist in der Nacht passiert, als die „rote Suppe“ in Kristalle übergegangen ist?

Herr von Schnering: Das sind völlig unkontrollierbare und auch nicht reproduzierbare Dinge. Vielleicht war es wirklich nur das Aufsetzen des Kolbens auf den Tisch nach sechs Wochen. Jedenfalls war es kein Erdbeben, was ja im Raum Stuttgart nicht ungewöhnlich wäre.

Herr Staufenbiel: Die zweite Frage bezieht sich auf die „Brille“, mit der Sie Cluster erkennen. Gibt es eigentlich eine Methode, die Symmetrieeigenschaften mit Hilfe mathematischer Verfahren zu erkennen, um so Cluster etwas rationaler herausfinden zu können? Oder ist das mehr oder weniger eine Frage der Kunst und Geschicklichkeit?

Herr von Schnering: Es ist wohl mehr Gefühl und Wellenschlag und natürlich eine profunde Kenntnis von Strukturen, die schon einmal gesehen und aufgeschrieben worden sind. Eine rationale mathematische Beschreibung würde mir persönlich auch sehr viel mehr zusagen, doch sehe ich da gewisse Schwierigkeiten. Gerade die von Ihnen angesprochene Symmetrie ist vielleicht ein schlechter Ratgeber, denn ein großer Teil des strukturellen Geschehens lebt sozusagen von sekundären Effekten, etwa der Packung von Atomen oder Molekülen, wodurch sehr häufig die Gesamtstruktur niedersymmetrisch wird, obgleich die einzelnen Bausteine eine hohe Symmetrie besitzen. In diesen Fällen hat man große Schwierigkeiten zu entscheiden, wie gut beispielsweise die kubische Symmetrie erfüllt sein muß, um ein Gebilde noch als Würfel zu zählen. Bei der strengen Behandlung wird dieses eine der entscheidenden Schwierigkeiten sein. Das Auge kann andererseits hervorragend integrieren. Ich habe immer wieder festgestellt: Wenn ich ein Bild *sehe,* kann ich leichter irgendeinen Zusammenhang erkennen, als wenn ich das Bild rastern und einem mathematischen Prozeß unterwerfen würde. Das bilde ich mir zumindestens ein. Aber hier ist sicher die entscheidende Frage, wie gut man das mathematische Problem formulieren kann.

Herr Wilke: Ich möchte Sie noch fragen, wie viele Phosphorresonanzen Sie bei P_7 bzw. bei P_{11} sehen. Bei P_7 müßten es drei sein.

Herr von Schnering: Im festen Zustand hat man eine schlechte Auflösung. In der P_7-Lösung treten drei Resonanzen auf, oberhalb der Koaleszenztemperatur dann nur noch eine. Lösungen, die ausschließlich P_{11} enthalten, sind noch nicht vermessen worden. Man erwartet aber auch hier drei Resonanzen.

Neue Entwicklungen in der Chemie metallreicher Verbindungen

Von *Arndt Simon*, Stuttgart

1. Einleitung

Teilbesetzte Elektronenschalen stellen einen mißlichen Zustand für Atome dar, der vielfach durch Eingehen homonuclearer Verknüpfungen – chemische Bindungen zwischen Atomen der gleichen Sorte – gelindert wird. Allgemein bekannt sind Verknüpfungen in den Verbindungen der nichtmetallischen Elemente, und hier besonders vielfältig beim Kohlenstoff. Die Fähigkeit zur Ausbildung homonuclearer Bindungen ist jedoch auch bei den metallischen Elementen weit verbreitet. In der Tat sind von fast allen Metallen niedrig oxidierte Verbindungen mit Metall-Metall-Bindungen bekannt. Im folgenden sollen einige Beispiele gezeigt werden, deren Strukturchemie durch das Auftreten von Metall-Metall-Bindungen charakterisiert ist. Die chemische Vielfalt solcher Verbindungen innerhalb des gesamten Periodensystems ist groß; sie sind Träger interessanter physikalischer Eigenschaften, deren Spanne von Hochfeld-Supraleitern bis zu Photokathodenmaterialien reicht.

Hier soll die Frage im Vordergrund stehen, welche chemischen und strukturchemischen Konsequenzen sich aus dem Elektronenüberschuß eines „niederwertigen" Metalles ergeben. Die Konsequenzen lassen sich qualitativ anhand der allgemein geläufigen Verhältnisse beim Kohlenstoff skizzieren: Werden alle Valenzelektronen des Kohlenstoffatoms für die Bindungen zu Wasserstoffatomen beansprucht, so resultiert das Methan CH_4 mit isolierten C-Atomen. Im Ethan $(CH_3) \triangleq C_2H_6$ wird dagegen ein Valenzelektron des Kohlenstoffatoms nicht genutzt und steht für die Knüpfung einer C-C-Bindung zur Verfügung. Die weitere Erhöhung der nicht durch Heteroatome beanspruchten Valenzelektronenzahl kann einerseits zur Vergrößerung des homonuclear gebundenen Systems oder andererseits zur Erhöhung der Bindungsordnungen der einzelnen C-C-Bindungen führen. Die Beispiele Acetylen $(CH) \triangleq C_2H_2$ und Benzol $(CH) \triangleq C_6H_6$ illustrieren derartige mögliche Wege. Die weitere Erniedrigung des Heteroatomanteils führt zwangsläufig zur Kondensation dieser Moleküle und damit zum Aufbau zunehmend größerer C-C-gebundener Bereiche. Vom Benzol gelangt man über die polycyclischen Verbindungen letztlich zum Element (in Form des Graphits) selbst.

Es hat sich eingebürgert, bei Verbindungen mit Metall-Metall-Bindungen das Wort „Molekül" durch den Begriff „Cluster" zu ersetzen. Die Unschärfe dieses Begriffes geht bereits aus der Gegenüberstellung von „Ton-Clustern" in der Musik, „Stern-Clustern" in der Astronomie oder „Cluster-Rechnungen" in der Physik hervor. Im folgenden wird der Begriff Cluster für stöchiometrisch und geometrisch definierte Einheiten mit Metall-Metall-Bindungen verwendet. In Anlehnung an das gewählte Beispiel Benzol/Heterocyclen/Graphit läßt sich die Clusterchemie der Metalle zum einen im Sinne eines Zerschneidens der Elementstruktur in kleinere Einheiten [1] bis hin zum Einzelatom oder aber eines Aufbaues von Clustern und deren zunehmende Kondensation [2] mit sinkendem Heteroatomanteil diskutieren. Schon frühzeitig wurde in diesem Zusammenhang auf die besondere Rolle von M_6X_8- bzw. M_6X_{12}-Clustern hingewiesen [3, 4], die z. B. tragende Strukturelemente bei den Verbindungen NbO oder Nb_5Se_4 darstellen.

2. Kondensierte Cluster und die Chemie metallreicher Lanthanoid-Halogenide

Die Strukturchemie der Silikate ist durch das Auftreten von Bindungsverbänden verknüpfter SiO_4-Tetraeder gekennzeichnet. Analog hierzu lassen sich die Strukturen metallreicher Verbindungen der Übergangsmetalle mit p-Elementen sehr häufig im Sinne kondensierter Cluster beschreiben, insbesondere oktaedrischer M_6-Cluster, die von acht Nichtmetallatomen über den Flächen bzw. zwölf Nicht-

Abb. 1: M_6X_{12}- (a) und M_6X_8-Cluster (b). Die aus den Metallatomen M (kleine Kreise) gebildeten Oktaeder sind von zwölf Nichtmetallatomen X vor den Kanten bzw. acht Nichtmetallatomen vor den Flächen umgeben.

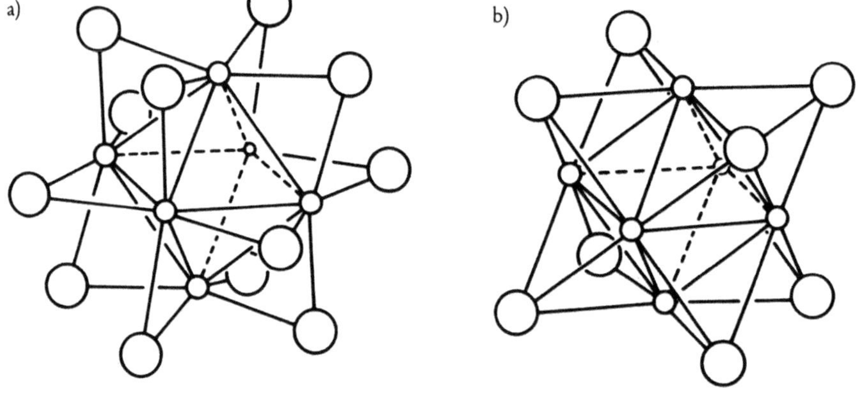

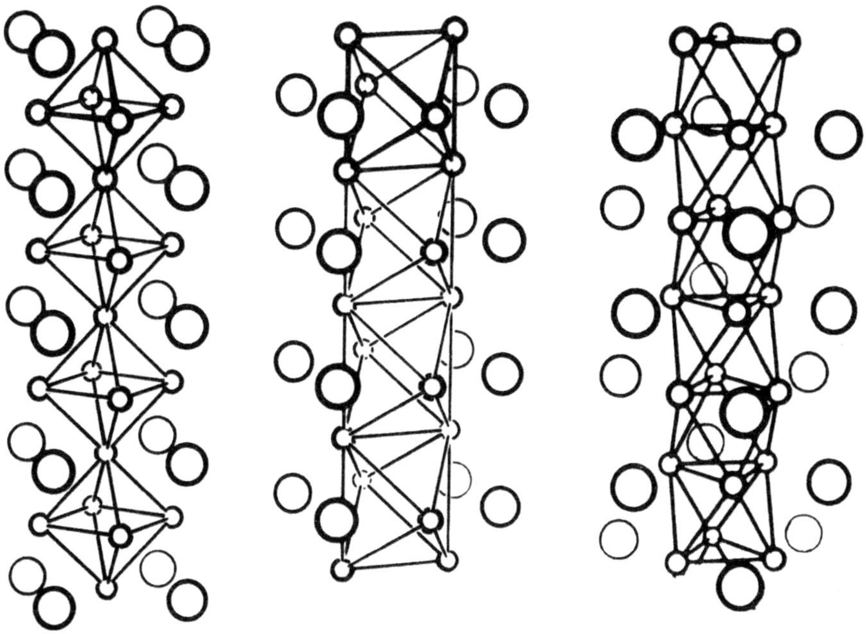

Abb. 2: Ketten aus eckenverknüpften M_6-Oktaedern in Nb_5Se_4 [5] (links), kantenverknüpften Oktaedern in Gd_2Cl_3 [6, 7] (Mitte) und flächenverknüpften Oktaedern in KMo_3Te_3 [8] (rechts).

metallatomen über den Kanten umgeben sind (Abb. 1). In Abb. 2 sind einfache (eindimensionale) Struktureinheiten wiedergegeben, die aus der Kondensation der M_6-Oktaeder über Ecken, Kanten und Flächen resultieren und für deren Auftreten in Kristallstrukturen es eine Reihe von Beispielen gibt.

Das skizzierte Konzept kondensierter Cluster erlaubt einerseits eine Systematisierung und Katalogisierung des Bekannten: Es erlaubt die Beschreibung einer Vielzahl metallreicher Übergangsmetallverbindungen. Andererseits ergeben sich Anregungen für neue Fragestellungen: So wurde die festgefügte Ordnung bei den Oxidationsstufen der Seltenen Erdmetalle – bisher kannte man Oxidationsstufen zwischen +2 und +4 – mit der Entdeckung eines „Subhalogenides" $GdCl_{1.5}$ gestört [9]. Nach der Strukturuntersuchung [6, 7] enthält die Verbindung Ketten aus kondensierten Gd_6-Oktaedern (Abb. 2b), d. h. das Seltenerdmetall Gadolinium findet in seiner Strukturchemie Anschluß an die 4d- und 5d-Metalle mit ihrer Vielzahl ähnlicher Strukturen. Es lag nahe, $GdCl_{1.5} \triangleq Gd_2Cl_3$ als Spitze eines Eisberges anzusehen [10], und tatsächlich führten eingehende Untersuchungen zur Entdeckung eines umfangreichen Gebietes metallreicher Lanthanoidhalogenide [2]. Alle Strukturen sind aus isolierten oder kondensierten Clustern vom Typ M_6X_8

bzw. M_6X_{12} aufgebaut, und mit den Monohalogeniden LnX wird erstmals die Oxidationsstufe + 1 für die Lanthanoide erreicht. Tabelle 1 faßt den gegenwärtigen Kenntnisstand zusammen.

Tabelle 1: Metallreiche Lanthanoidhalogenide LnX_n ($n < 2$) (vgl. Text [6, 7, 12–15]).

n	1,71	1,60	1,50	1,43	1,25	1,17	1,00	
Formel Aufbau	Ln_7X_{12} $Ln_6X_{12} \cdot Ln$	Ln_5X_8 $Ln_4X_8 \cdot Ln$	Ln_2X_3 Ln_2X_3	Ln_7X_{10} $Ln_6X_{10} \cdot Ln$	Ln_4X_5 Ln_4X_5	Ln_6X_7 Ln_6X_7	LnX LnX	
VEK	1,50	1,75	1,50	1,83	1,75	1,83	2,00	
Struktur-element	Ln_6-Oktaeder	Oktaeder-kette	Oktaeder-kette	Doppel-kette	Oktaeder-kette	Doppel-kette	Schicht	
Vertreter	La_7I_{12} Ce_7I_{12} Pr_7I_{12} Gd_7I_{12} Tb_7I_{12} Er_7I_{12} Lu_7I_{12}	Gd_5Br_8 Tb_5Br_8	Gd_2Cl_3 Gd_2Br_3 Tb_2Cl_3 Tb_2Br_3 Er_2Cl_3 Tm_2Cl_3 Lu_2Cl_3 Er_2I_3	Er_7I_{10}	Ce_4Br_5 Gd_4Br_5 Tb_4Br_5 Er_4I_5	Tb_6Br_7 Er_6I_7	LaCl CeCl PrCl GdCl DyBr TbCl HoCl ErCl LuBr	LaBr CeBr PrBr GdBr GdI TbBr HoBr ErBr

Das Auftreten von Clusterverbindungen bei Seltenerdmetallen zeigt, daß diese Elemente die in niederer Oxidationsstufe verfügbaren Valenzelektronen in gleicher Weise wie die schweren d-Metalle zur Knüpfung von Metall-Metall-Bindungen einsetzen können. Die Zahl der am Metallatom verbliebenen Elektronen (VEK = Valenzelektronenkonzentration pro Metallatom) ist eng mit dem jeweiligen Kondensationsgrad korreliert.

Bei der höchsten Oxidationsstufe 1,71 in den Verbindungen Ln_7X_{12} treten isolierte M_6X_{12}-Cluster auf; einzelne Ln-Atome befinden sich zwischen den Clustern, so daß dieser Strukturtyp als $Ln_6X_{12} \cdot Ln$ zu beschreiben ist. Eine Deutung dieses Aufbaus ergibt sich aus einer Abschätzung der Elektronenbilanz. In einem Ionenmodell werden zwölf der insgesamt achtzehn Valenzelektronen aller Cluster-Metallatome an die Halogenatome abgegeben, so daß nur sechs Elektronen für Metall-Metall-Bindungen übrig sind. Man weiß jedoch seit langem aus Experimenten [3] und Rechnungen [11], daß der M_6X_{12}-Cluster sechzehn, der M_6X_8-Cluster vierundzwanzig Elektronen für Metall-Metall-Bindungen benötigt. In einem Ln_6X_{12}-Cluster herrscht demnach erheblicher Elektronenmangel. Es liegt nahe, die zusätzlichen Ln-Atome in $Ln_6X_{12} \cdot Ln$ als Elektronendonatoren anzusehen, die durch Abgabe von jeweils drei Elektronen (Ln^{3+}) die Bilanz im Cluster verbessern (VEK = 1,5).

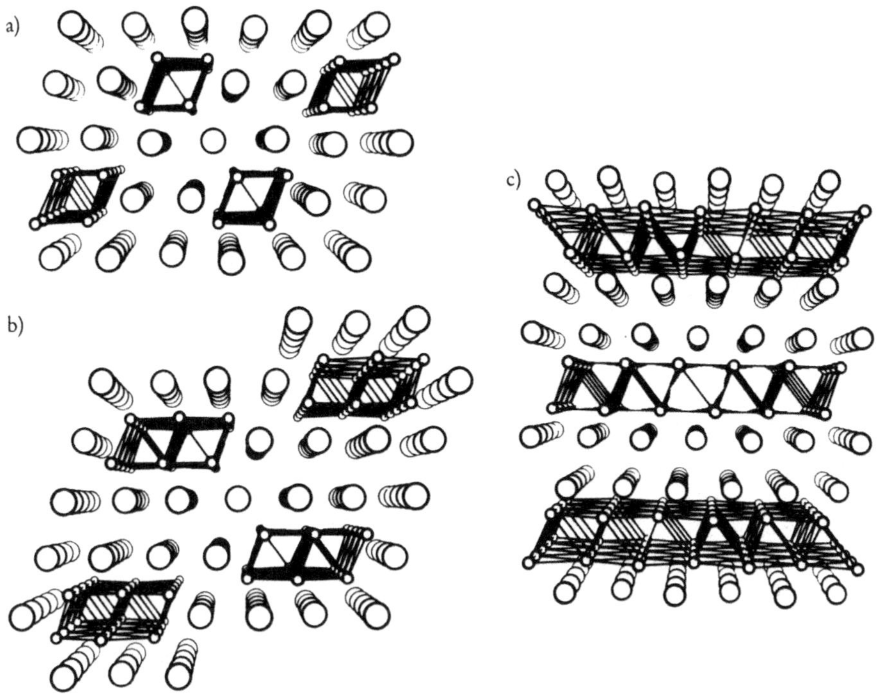

Abb. 3: Kristallstrukturen von Er_4I_5 [12] (a) Er_6I_7 [13] (b) und TbCl [14] (c). Die (verzerrt) oktaedrischen Anordnungen der Metallatome sind durch Verbindungslinien hervorgehoben.

In Ketten kondensierte Ln_6-Oktaeder treten bei gleicher VEK in der Verbindung Gd_2Cl_3 auf. Die einzelne Oktaederkette ist nach den bisherigen Untersuchungen das charakteristische Strukturelement im Bereich $1{,}50 \leq \text{VEK} \leq 1{,}75$. Die Halogenatome können sowohl vor freien Kanten (M_6X_{12}-Typ) oder Flächen (M_6X_8-Typ) der Oktaeder angeordnet sein, ohne daß ein Zusammenhang zwischen jeweiligem Typ und VEK erkennbar ist. Wieder treten in einigen der Strukturen einzelne Ln-Atome auf, deren „chemischer Beitrag" dem in den Verbindungen $Ln_6X_{12} \cdot Ln$ entspricht.

Der kleine Sprung in der VEK von 1,75 nach 1,83 ist interessant; denn damit wird in den Strukturen der Verbindungen Ln_6X_7 und Ln_6X_{10} der nächste Kondensationsgrad erreicht: Jeweils zwei Oktaederketten bilden das charakteristische Strukturelement dieser Verbindungen. Der Aufbau eines solchen Doppelstranges stellt den ersten Schritt einer Ausdehnung des Verbandes kondensierter Cluster in zwei Dimensionen dar; werden unendlich viele Oktaederketten kondensiert, so resultiert eine Schichtstruktur, in der Doppelschichten dicht gepackter Ln-Atome mit Doppelschichten dicht gepackter X-Atome alternieren. Es ergibt sich die Zusammensetzung LnX, und der geschilderte Aufbau kommt den Monohalogeniden der Lanthanoide zu. Die engen strukturellen Beziehungen zwischen den (exemplarisch ausgewählten) Strukturen der Verbindungen Er_4I_5, Er_6I_7 und TbCl werden aus der Gegenüberstellung in Abb. 3 erkennbar. Auch die eingangs erwähnte Betrachtung der Strukturen im Sinne erhalten gebliebener Teile des Metallgitters in den reduzierten Halogeniden wird deutlich.

Physikalische Untersuchungen an den Lanthanoidhalogeniden mit Metall-Metall-Bindungen galten vor allem der Beantwortung zweier Fragen: Wie läßt sich die chemische Bindung in dieser Substanzklasse beschreiben? Welche besonderen Eigenschaften resultieren aus der gegenseitigen Annäherung der Metallatome und ihrer Einfügung in niedrigdimensionale Bindungsverbände? Beschränkt man sich auf eine Beantwortung der ersten Frage, so sind vor allem Mössbauer- und Photoelektronenspektren der Gadoliniumverbindungen aufschlußreich. Sie zeigen, daß die Metallatome $4f^7$-Konfiguration besitzen. Diese Konfiguration charakterisiert das Gd^{3+}-Ion, wie es in den Verbindungen der maximalen Oxidationsstufe, aber auch im Metall selbst gefunden wird. Nur (s-, p-) und d-Elektronen sind an der Knüpfung von Metall-Metall-Bindungen im Element und in den niederen Halogeniden beteiligt. Damit öffnet sich mit den metallreichen Halogeniden der Lanthanoide eine neuartige Chemie dieser Elemente als (d-) Übergangsmetalle, die im übrigen sehr viele Gemeinsamkeiten mit der Chemie der d-Metalle Scandium [16] und Yttrium [17] hat. Diese Chemie hat zwei Besonderheiten: Einerseits sind die Lanthanoide elektropositive Elemente, die ausgeprägt salzartige Verbindungen bilden: Alternativ zur Beschreibung der Struktur der Monohalogenide mit kondensierten Clustern ($Ln_{6/3}X_2$) bietet sich eine Beschreibung an, in der Ln-X-X-Ln-Schichtpakete metallisch aneinander gebunden sind ($Ln^{3+}{}_2X^-{}_2 \cdot 4e^-$). Diese Schreibweise entspricht der beobachteten (2-dimensional) metallischen Leitfähigkeit der Verbindungen LnX und stellt enge Bezüge zu Verbindungen wie Ba_2N ($= Ba^{2+}{}_2N^{3-} \cdot e^-$) oder den im letzten Abschnitt besprochenen Suboxiden der Alkalimetalle her. Andererseits stellen die Lanthanoide die valenzelektronenärmsten Übergangsmetalle dar, und aus dieser Tatsache ergeben sich interessante chemische Konsequenzen.

3. *Nichtmetallatome in Metallclustern*

Die Clusterchemie erhielt eine neue Facette, als es gelang, Fremdatome in das Clusterinnere einzubauen. Ein erstes Beispiel war die Reaktion von Nb_6I_{11} [18, 19] mit Wasserstoff unter Bildung von HNb_6I_{11} [20]. Inzwischen existieren viele Clusterverbindungen der Übergangsmetalle mit interstitiellen Atomen.

Die Reaktion von Nb_6I_{11} resultiert aus dem Elektronenmangel des Clusters in dieser Verbindung: Sie besteht aus verbrückten Nb_6I_8-Clustern, doch anstelle der

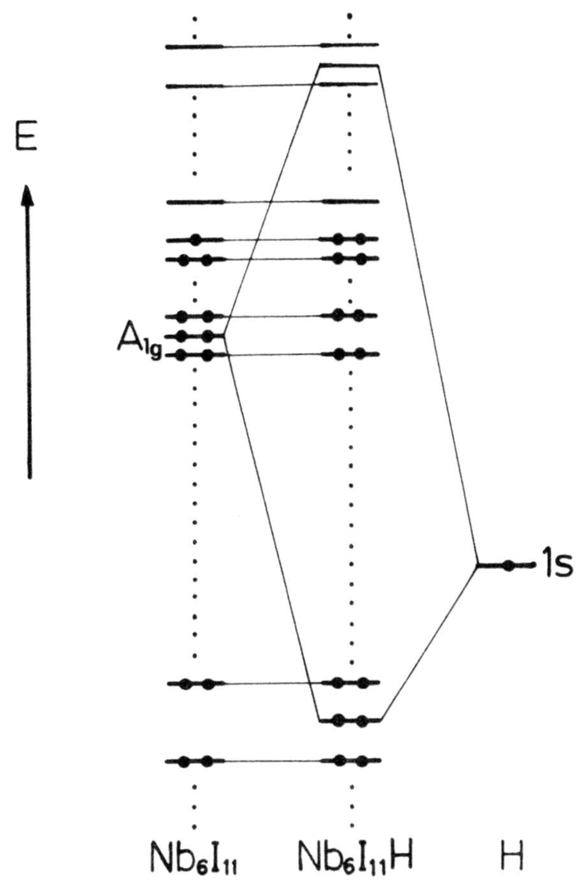

Abb. 4: Schematisches Molekül-Orbitalbild für die Bindung eines Wasserstoffatoms im Inneren des Nb_6-Oktaeders in $Nb_6I_{11}H$ [21, 22].

von dieser Anordnung benötigten 24 Elektronen für Metall-Metall-Bindungen besitzt jeder Cluster nur (6 · 5 − 11 =) 19. Der Elektronenmangel wird durch das zusätzlich vom Wasserstoffatom eingebrachte Elektron gemildert. Dieses Bild ist allerdings sehr vereinfacht. Eine MO-Betrachtung macht die Besonderheit der Bindung deutlich. Wie das auf Bandstrukturrechnungen fußende [21, 22] MO-Schema (Abb. 4) zeigt, ist effektiv nur ein Clusterorbital zur Überlappung mit der 1s-Funktion des Wasserstoffatoms unter Bildung eines bindenden und eines (unbesetzbar hoch liegenden) antibindenden Zustandes befähigt. Da der ursprüngliche Clusterzustand bereits besetzt ist, gewinnt der Cluster durch die Wasserstoffaufnahme zwar ein zusätzliches Elektron unter Besetzung eines Zustandes nahe der Fermikante. Andererseits geht Elektronendichte an das Wasserstoffatom verloren.

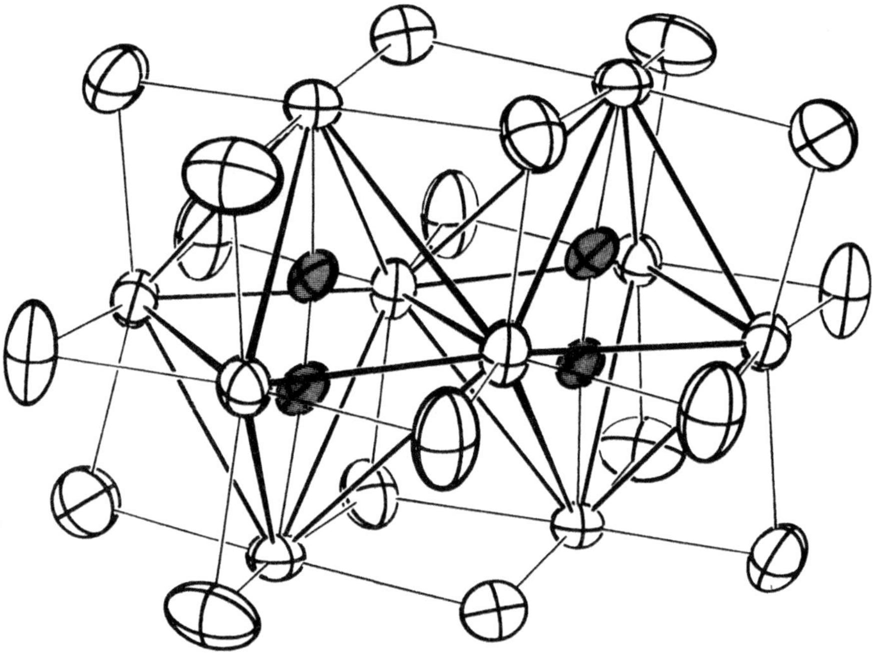

Abb. 5: Anordnungen der Atome in der $Gd_{10}Cl_{18}C_4$-Einheit [39]. Die Atome sind als Schwingungsellipsoide dargestellt; die zu (verzerrten) Oktaedern angeordneten Gd-Atome sind durch dicke Linien miteinander verbunden, die C_2-Gruppen im Inneren der Oktaeder sind dunkel gezeichnet.

Die Besonderheit der Elektronenarmut des Clusters teilt Nb_6I_{11} mit den zuvor beschriebenen metallreichen Lanthanoidhalogeniden. Und auch die Seltenerdmetalle sind in der Lage, Verbindungen aufzubauen, bei denen die Zentren der Ln_6-Oktaeder durch interstitielle Atome besetzt sind. So besteht die Verbindung $Gd_5Cl_9C_2$ ausschließlich aus $Gd_{10}Cl_{18}C_4$-Einheiten, wie sie Abb. 5 zeigt [23]. Darin sind C_2-Einheiten von Oktaedern aus Metallatomen umgeben; der C-C-Abstand entspricht einem Abstand zwischen Einfach- und Doppelbindung (d_{cc} = 147 pm). Die über eine gemeinsame Kante verknüpften Ln_6-Oktaeder sind im übrigen wie im M_6X_{12}-Cluster von Halogenatomen vor allen besetzbaren Kanten umgeben.

Der $Gd_{10}Cl_{18}C_4$-Cluster stellt den ersten Schritt vom isolierten Ln_6X_{12}-Cluster zur unendlich ausgedehnten Kette dar, wie sie beispielsweise in Er_4I_5 vorliegt. Der nächste Schritt ist in der Struktur der Verbindung $Gd_7I_{12}C_2$ angedeutet, in der lineare, aus drei kantenverknüpften Gd_6-Oktaedern bestehende Einheiten zu einer gewinkelten Kette verbunden sind. Auch hier sind die Clusterzentren von C_2-Gruppen besetzt.

Mit den Carbidhalogeniden des Gadoliniums ist die Grenze einer Strukturbeschreibung mit Metallclustern erreicht. Berücksichtigt man die elektropositive Natur des Metalls, so läßt sich die Verbindung $Gd_5Cl_9C_2$ auch als Salz formulieren, dessen Zusammensetzung gängige Valenzregeln erfüllt: In der Schreibweise $Gd^{3+}{}_5Cl^-{}_9C_2{}^{6-}$ neutralisieren fünfzehn positive Ladungen die fünfzehn negativen Ladungen der Anionen. Nur die Kürze des C-C-Abstandes spricht für eine zu weitgehende Vereinfachung dieser Bindungsbeschreibung.

4. Cluster aus Alkalimetallatomen

Mit den zuletzt behandelten Carbidhalogeniden befindet man sich in einem Übergangsbereich: Ausgehend von Clustern, deren Stabilität wesentlich von Metall-Metall-Bindungen herrührt und deren M_6-Kern leer ist, jedoch in besonderen Fällen mit Nichtmetallatomen, z.B. Wasserstoff, gefüllt werden kann, gelangt man mit den Carbidhalogeniden der Seltenen Erdmetalle in ein Gebiet, in dem zunächst noch unklar ist, ob die Metall-Metall-Bindungen oder die Bindungen zu den zentralen Heteroatomen das Wesentliche für die Stabilität der gesamten Anordnung sind. Abschließend sollen mit den Suboxiden der schweren Alkalimetalle Rubidium und Cäsium Clusterverbindungen diskutiert werden, für die die Beschreibung der chemischen Bindung wieder klar und einfach ist. Ergebnisse unserer etwa zehn Jahre dauernden Untersuchung dieser Verbindungen können hier nur sehr kurz dargestellt werden [24].

Silberfarbenes Rubidium und golden gefärbtes Cäsium reagieren mit Sauerstoff unter Bildung metallisch glänzender, lebhaft gefärbter Substanzen M_nO ($n < 2$). Die Existenz derartiger metallreicher Verbindungen, die beim Cäsium teilweise schon lange bekannt war [25], muß in Anbetracht der sonst strikt eingehaltenen Oxidationsstufe + 1 bei Alkalimetallen verwundern. Man erwartet Verbindungen mit der Zusammensetzung M_2O. Als messingfarbene bzw. kupferrote Kristalle lassen sich Rb_6O und Rb_9O_2, als bronzefarbene, rotviolette und permanganatfarbene Kristalle Cs_7O, Cs_4O und $Cs_{11}O_3$ isolieren. Nur Rb_9O_2 und $Cs_{11}O_3$ sind bei Raumtemperatur stabil. Die Stellung dieser Verbindungen zwischen den metallischen Elementen Rb und Cs und den salzartigen Oxiden M_2O kommt strukturell in ungewöhnlicher Weise zum Ausdruck. So sind alle Verbindungen durch das Vorliegen von Clustern charakterisiert. Darin sind Metalloktaeder über gemeinsame Flächen miteinander verknüpft und im Inneren jeweils durch O-Atome besetzt. Zwei solche M_6O-Oktaeder bilden den Rb_9O_2-Cluster, drei sind im $Cs_{11}O_3$-Cluster vereinigt. Wie Abb. 6 erkennen läßt, bestehen die Strukturen der Verbindungen Rb_9O_2 und $Cs_{11}O_3$ ausschließlich aus den jeweils Element-spezifischen Clustern [26, 27].

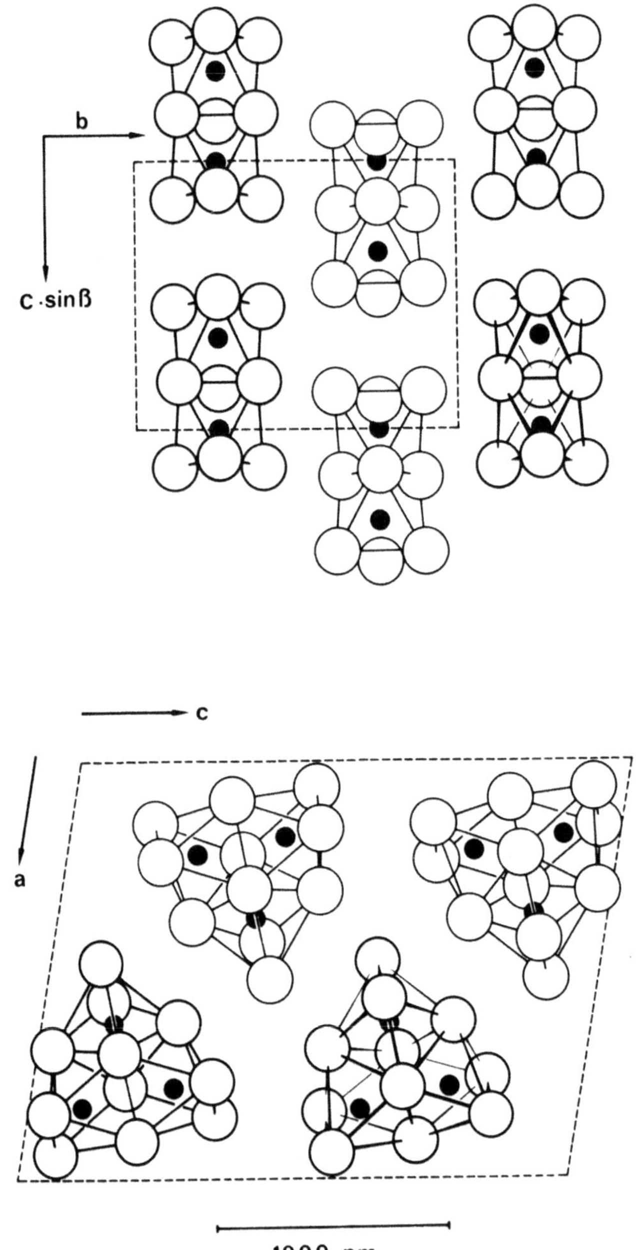

Abb. 6: Projektion der Kristallstrukturen von Rb_9O_2 [26] (oben) und $Cs_{11}O_{33}$ [27] (unten). Die Verbindungen enthalten diskrete Cluster der jeweils gleichen Zusammensetzungen (Sauerstoffatome schwarz, Elementarzellen gestrichelt).

Die Abstände zwischen den Atomen können als Indiz für die vorliegende chemische Bindung in den Alkalimetallsuboxiden herangezogen werden. So entsprechen die Sauerstoff-Metall-Abstände weitgehend den Abständen zwischen Ionen; die Metall-Metall-Abstände zwischen benachbarten Clustern sind dagegen denen in den metallischen Elementen Rb und Cs vergleichbar. Es ergibt sich ein geradezu simples Bindungsmodell, wenn man von den normalen Oxidationsstufen der Elemente ausgeht. Danach liegen in Gegenwart (eines Überschusses) des elektropositiven Alkalimetalls O^{2-}-Ionen vor, und die Metallatome bilden M^+-Ionen, die wie in den Elementen selbst durch „Elektronengas" aneinander gebunden sind. Mit dieser Vorstellung lassen sich $Rb_9O_2^{5+}$- bzw. $Cs_{11}O_3^{5+}$-Cluster formulieren, deren Zusammenhalt und Bindung aneinander in den elektroneutralen Verbindungen durch jeweils fünf freie Elektronen bewirkt wird. Die Stabilität der Cluster wird also sowohl auf die Anziehung zwischen den zentralen O^{2-}-Ionen und den umgebenden M^+-Ionen als auch auf die Metall-Metall-Bindungen im Cluster zurückgeführt. Derartige „komplexe Metalle" – Metalle, deren Bindung sich wie die in $Na = Na^+e^-$, lediglich mit einem Ersatz der einfachen Ionen durch komplexe Gruppen (Cluster), beschreiben läßt – sind in der Lage, mit überschüssigem Alkalimetall Verbindungen zu bilden: In $Cs_4O \mathrel{\hat{=}} Cs_{11}O_3 \cdot Cs$ sind einzelne Cs-Atome in die Lücken zwischen den Clustern eingefügt, in $Cs_7O \mathrel{\hat{=}} Cs_{11}O_3 \cdot Cs_{10}$ sind die Cluster in eine Matrix aus reinem Alkalimetall eingebettet. Rubidium bevorzugt wiederum die Rb_9O_2-Cluster, z. B. in $Rb_6O \mathrel{\hat{=}} Rb_9O_2 \cdot Rb_3$. Besonders interessant sind Reaktionen, bei denen man Rubidium und Cäsium um die Bindung des Sauerstoffs konkurrieren läßt. Dabei zeigt sich, daß die in ihrer Chemie wäßriger Lösungen so ähnlichen Metalle ganz verschieden reagieren: Durch partielle Oxidation von Rb/Cs-Legierungen werden Verbindungen wie $Cs_{11}O_3 \cdot Rb_7$ gebildet, in denen der Sauerstoff ausschließlich in $Cs_{11}O_3$-Clustern gebunden vorliegt, während die Bereiche zwischen den Clustern mit metallisch gebundenem Rubidium gefüllt sind. Tabelle 2 gibt eine Zusammenstellung der bisher strukturell charakterisierten Alkalimetallsuboxide.

Tabelle 2:
Suboxide M_nO ($n < 2$) der Alkalimetalle M = Rb, Cs [26–32].

Formel	Aufbau
Rb_9O_2	Rb_9O_2
Rb_6O	$Rb_9O_2 \cdot Rb_3$
$Cs_{11}O_3$	$Cs_{11}O_3$
Cs_4O	$Cs_{11}O_3 \cdot Cs$
Cs_7O	$Cs_{11}O_{33}3 \cdot Cs_{10}$
$(Rb, Cs)_nO$	$Cs_{11}O_3 \cdot Rb$
	$Cs_{11}O_3 \cdot Rb_2$
	$Cs_{11}O_3 \cdot Rb_7$

Das Modell der chemischen Bindung in Alkalimetallsuboxiden wurde aus Atomanordnungen und -abständen in den Kristallstrukturen gewonnen. Derartige „Indizienbeweise" sind gefährlich, zumal dann, wenn gängige Vorstellungen ins Gegenteil verkehrt sind: Die Metall-Metall-Abstände zwischen Clustern werden, obwohl sie länger als 500 pm sind, als bindend angesehen, während ein Cs-Cs-Abstand von 370 pm im $Cs_{11}O_3$-Cluster keiner (direkten) Bindung entspricht. Ein quantitativer Beweis des Bindungsmodells über geeignete Messungen physikalischer Eigenschaften war daher besonders wichtig. Er gelang in zwei Richtungen: Einerseits entsprechen die experimentell gefundenen Geometrien der Rb_2O_2- und $Cs_{11}O_3$-Cluster den berechneten Ionenanordnungen mit minimalen Energien, und die von allen Alkalimetallsuboxiden erhaltenen Raman-Spektren können mit den auf der Basis eines Ionenmodells berechneten Clusterschwingungen interpretiert werden [33]. Andererseits geben Photoelektronenspektren die Möglichkeit, über die Vermessung der Leitungsbandbreiten sowie der durch Plasmon-Anregungen erzeugten Energieverluststrukturen auch die Zahl freier Elektronen zu ermitteln. Sie entspricht innerhalb der Fehlergrenzen der vom Bindungsmodell verlangten Zahl [34, 35].

Anmerkung

In der Zeit zwischen Vortrag und Fertigstellung des Manuskriptes sind einige Resultate erhalten worden, die sowohl zu einem zusammenfassenden Verständnis der Clusterverbindungen als auch zum Einzelverständnis, z. B. der Bindung von C-Atomen und C_2-Gruppen in Metallclustern beigetragen haben. Die Ergebnisse sind in den Arbeiten [36–48] dargestellt.

Literatur

[1] H.-Y. CHEN und H. F. FRANZEN, Natl. Bur. Stand. US Spec. Publ. *364*, 651 (1972).
[2] A. SIMON, Angew. Chem. *93*, 23 (1981) [Int. Ed. Engl. *20*, 1 (1981)].
[3] H. SCHÄFER und H. G. v. SCHNERING, Angew. Chem. *76*, 833 (1964).
[4] H. SCHÄFER, RWAkW N 192, 7 (1969).
[5] K. SELTE und A. KJEKSHUS, Acta Chem. Scand. *17*, 2560 (1963).
[6] D. A. LOKKEN und J. D. CORBETT, Inorg. Chem. *12*, 556 (1973).
[7] A. SIMON, N. HOLZER und HJ. MATTAUSCH, Z. anorg. allg. Chem. *456*, 207 (1979).
[8] M. POTEL, R. CHEVREL, M. SERGENT, M. DECROUX und O. FISCHER, C. R. Acad. Sci. Ser. C *288*, 429 (1979).
[9] J. E. MEE und J. D. CORBETT, Inorg. Chem. *4*, 88 (1965).
[10] A. SIMON, Chem. Unserer Zeit *10*, 1 (1976).
[11] F. A. COTTON und T. E. HAAS, Inorg. Chem. *3*, 10 (1964).
[12] K. BERROTH und A. SIMON, J. Less-Common Metals *76*, 41 (1981).
[13] K. BERROTH, HJ. MATTAUSCH und A. SIMON, Z. Naturforsch. *35 b*, 626 (1980).
[14] HJ. MATTAUSCH und A. SIMON, Z. anorg. allg. Chem. *466*, 7 (1980).
[15] HJ. MATTAUSCH, A. SIMON und R. EGER, Rev. Chim. Minér. *17*, 516 (1980).
[16] J. D. CORBETT, Acc. Chem. Res. *14*, 239 (1981).
[17] HJ. MATTAUSCH, J. B. HENDRICKS, R. EGER, J. D. CORBETT und A. SIMON, Inorg. Chem. *19*, 2128 (1980).
[18] L. R. BATEMAN, J. F. BLOUNT und L. F. DAHL, J. Amer. Chem. Soc. *88*, 1082 (1966).
[19] A. SIMON, H. G. v. SCHNERING und H. SCHÄFER, Z. anorg. allg. Chem. *355*, 295 (1967).
[20] A. SIMON, Z. anorg. allg. Chem. *355*, 311 (1967).
[21] H. NOHL und O. K. ANDERSEN, Conf. Ser.-Inst. Phys. *55*, 61 (1980).
[22] H. IMOTO und A. SIMON, unveröffentlicht.
[23] A. SIMON, E. WARKENTIN und R. MASSE, Angew. Chem. *93*, 1071 (1981) [Int. Ed. Engl. *20*, 1013 (1981)].
[24] A. SIMON, Structure and Bonding *36*, 81 (1979).
[25] E. RENGADE, Bull. Soc. Chim. France [4], *5*, 994 (1909).
[26] A. SIMON, Z. anorg. allg. Chem. *43*, 5, (1977).
[27] A. SIMON und E. WESTERBECK, Z. anorg. allg. Chem. *428*, 187 (1977).
[28] A. SIMON und H.-J. DEISEROTH, Rev. Chim. Minér. *13*, 98 (1976).
[29] A. SIMON, H.-J. DEISEROTH, E. WESTERBECK und B. HILLENKÖTTER, Z. anorg. allg. Chem. *423*, 203 (1976).
[30] A. SIMON, Z. anorg. allg. Chem. *422*, 208 (1976).
[31] A. SIMON, W. BRÄMER und H.-J. DEISEROTH, Inorg. Chem. *17*, 875 (1978).
[32] H.-J. DEISEROTH und A. SIMON, Z. anorg. allg. Chem. *463*, 14 (1980).
[33] T. P. MARTIN, H. J. STOLZ, G. EBBINGHAUS und A. Simon, J. Chem. Phys. *70*, 1096 (1979).
[34] G. EBBINGHAUS, W. BRAUN und A. SIMON, Z. Naturforsch. *31b*, 1219 (1976).
[35] G. EBBINGHAUS und A. SIMON, Chem. Phys. *43*, 117 (1970).
[36] H. IMOTO und A. SIMON, Inorg. Chem. *21*, 308 (1982).
[37] E. GMELIN, A. SIMON, W. BRÄMER und R. VILLAR, J. Chem. Phys. *76*, 6256 (1982).
[38] A. SIMON, in: Crystalline Electric Field Effects in f-Electron Magnetism, Ed. GUERTIN, SUSKI und ZOLNIEREK, Plenum Publ. Corp. (1982), S. 443.

[39] E. Warkentin, R. Masse und A. Simon, Z. anorg. allg. Chem. *491,* 323 (1982).
[40] G. Ebbinghaus, A. Simon und A. Griffith, Z. Naturforsch. *37a,* 564 (1982).
[41] W. Bauhofer und A. Simon, Z. Naturforsch. *37a,* 568 (1982).
[42] F. Dübler, H. Müller und Ch. Opitz, Chem. Phys. Letters *88,* 467 (1982).
[43] A. Simon, Ann. Chim. Fr. *7,* 539 (1982).
[44] A. Simon und E. Warkentin, Z. anorg. allg. Chem. *497,* 79 (1983).
[45] A. N. Fitch, S. A. Barrett, B. E. F. Fender und A. Simon, J. Chem. Soc. Dalton Trans. [im Druck].
[46] E. Warkentin und A. Simon, Rev. Chim. Minér. [im Druck].
[47] H.-J. Deiseroth und A. Simon, Rev. Chim. Minér. [im Druck].
[48] A. Simon, Naturwiss. [im Druck].

Diskussion

Herr Schäfer: Herr Simon, ich habe zwei Fragen. Das Cäsiumrubidiumoxid provoziert ein wenig die Frage, ob man eine Cäsium/Rubidium-Trennung machen könnte.

Herr Simon: Im Prinzip ist eine Anreicherung des Cäsiums durch Umkristallisieren der metallreichen Oxide über Suboxide denkbar. Ich glaube aber, daß es einfachere Trennverfahren über die wäßrige Lösung gibt.

Herr Schäfer: Die zweite Frage ist folgende. Mich interessiert immer, wie die „Dinger" eigentlich entstehen, und deshalb frage ich: Wissen Sie irgend etwas über die Schmelze? Ich frage mich, ob da nicht irgendwie schon Cluster – kleine vielleicht, Zweier oder Dreier – auftreten. Kann man so etwas untersuchen? Das ist wahrscheinlich sehr schwierig.

Herr Simon: Wir haben eine Reihe von Untersuchungen gemacht, die aber noch nicht schlüssig sind. Aus den Untersuchungen des Phasendiagramms, genauer der Steigung der Liquidus-Kurve bei kleinen Sauerstoffgehalten in Cäsium folgt, daß die charakteristischen Cluster aus den Kristallen nicht ausschließlich vorliegen können. Es gibt sicher ein Nebeneinander verschieden großer Cluster. Die weitgehende Ähnlichkeit der Ramanspektren von Suboxiden und deren Schmelzen ist andererseits nur mit der Annahme gleicher Clusterspezies (neben anderen) in Kristall und Schmelzen deutbar. Auch Neutronenstreuexperimente weisen auf das Vorliegen von $Cs_{11}O_3$-Clustern (neben kleineren Einheiten) hin.

Herr Schäfer: Es geht mir vor allem um die seltenen Erden.

Herr Simon: Die können Sie nicht unzersetzt schmelzen.

Herr Schäfer: Kommen die nicht aus der Schmelze?

Herr Simon: Sie werden über die Gasphase oder in peritektischer Reaktion als Reaktionsschichten auf den jeweiligen Metallen aufgebaut.

Herr Schäfer: Und wie kommt der Kohlenstoff da hinein?

Herr Simon: Gegenfrage: Wie kommt Kohlenstoff in Calciumcarbid?

Herr Schäfer: Gut. Das ist eine Schmelze, und da kann ich mir vorstellen, daß die sich in der Schmelze bewegen. Hier wäre die Frage: Wie bewegt sich der Kohlenstoff? So kann man es auch ausdrücken.

Herr Simon: Ich nehme an, daß in metallreichen Lanthanoidhalogenid-Schmelzen gelöster Kohlenstoff ionisch vorliegt und beim Kristallisieren der Carbidhalogenide eingebaut wird.

Herr Schäfer: Das ist wahrscheinlich nicht zu klären.

Herr Klemm: Ist es richtig, das sich in der Reihe der seltenen Erden die verschiedenen Typen der Subhalogenide gesetzmäßig anordnen? Und wenn das der Fall ist: Können Sie sich darüber ein Bild machen, warum das so ist? Oder ist das einfach bisher nur der augenblickliche Stand?

Herr Simon: Ich sollte schon sagen, daß die vorgeführte Verbindungsvielfalt einer Momentaufnahme entspricht. Es kommen ständig neue Verbindungen oder Verbindungstypen in der Stufenleiter der Oxidationszahlen dazu. Im Augenblick ist nur sicher erkennbar, daß die einzigen Elemente, die sich nicht daran beteiligen, Europium und Ytterbium heißen. Hier ist offenbar die Oxidationsstufe + 2 zu stabil.

Herr Klemm: Zu welcher Gruppe gehört dabei Samarium?

Herr Simon: Samarium bildet zwar normalerweise Verbindungen mit der Oxidationsstufe + 3; Subhalogenide sind jedoch bislang nicht bekannt.

Herr Klemm: Sind die Abstände innerhalb der Oktaeder, die bei den Subverbindungen auftreten, ungefähr die gleichen wie in den Metallen?

Herr Simon: Teilweise kürzer. Dies ist auch der interessante Aspekt für magnetische Messungen: Von den Abständen her sind die Wechselwirkungen zwischen den Lanthanoidionen stärker als im Metall selbst (metallisches Gadolinium etwa 3,6 Å; kürzeste Abstände in Gd_2Br_3 etwa 3,2 Å).

Herr Schreyer: Ich darf einmal die Frage nach dem Größenverhältnis dieser Kationen oder Ionen allgemein stellen, insbesondere bei den Suboxiden, wo Sie sagten, auf der einen Seite seien es Ionen, die eine ionare Bindung zum Sauerstoff haben, auf der anderen Seite seien zwischen diesen Clustern praktisch metallische Alkaliatome. Haben die andere Radien? Kann man das aus der Struktur heraus sehen?

Herr Simon: Ja, Sie sehen es in Abständen und Volumina. Sie können mit den Volumeninkrementen für metallisches Cäsium den genannten Bereich zwischen den Clustern in Suboxiden beschreiben, und Sie können die Bereiche innerhalb der Cluster mit Ionenradien und Volumeninkrementen für Ionen diskutieren. Da liegt übrigens auch die besondere Problematik einer Diskussion der Bindungsabstände. Gewöhnlich assoziiert der Chemiker verkürzte Abstände mit verstärkten Bindungen. Nehmen Sie aber dem Cs-Atom das s-Elektron weg – das ist genau das Valenzelektron, welches Bindungen machen kann –, so schrumpft das Atom so weitgehend, daß die Ionenrümpfe viel näher zusammenrücken können, aber keine Elektronen mehr zwischen sich haben, also keine Bindungen zueinander mehr eingehen können.

Herr Klemm: Ich habe noch eine Frage. Es besteht ja ein grundsätzlicher Unterschied – Sie haben das besonders betont – zwischen den Subverbindungen der seltenen Erden, indem die Cluster beim Rubidium ionenmäßig zusammengehalten werden und hier durch metallische Bindungen. Nun wäre es interessant zu wissen, ob es entsprechende Verbindungen für die Erdalkalimetalle gibt, die dazwischenstehen.

Herr Simon: Ich bin der Überzeugung, daß vergleichbare Verbindungen möglich, wenn auch noch nicht bekannt sind. So z. B. die Verbindung Ba_2N, deren Struktur eng mit den hier vorgestellten verwandt ist: Doppelschichten aus Bariumatomen alternieren mit Schichten aus Stickstoffatomen. Hier liegt sozusagen der Grenzfall des unendlich ausgedehnten (kondensierten) Bindungsverbandes vor. Aber es gibt bislang keine Anhaltspunkte für die Existenz abgeschlossener Bindungseinheiten (Cluster). Ich halte dies für eine lohnende Fragestellung.

Herr Wilke: Sie hatten eingangs Ihres Vortrages noch einmal den Cluster definiert und gesagt: Es muß eine definierte, quasi herausschälbare Einheit sein. Nun eine vielleicht ein wenig alberne Bemerkung: Der Einkaräter hätte dann die Summenformel C_{1022}, wenn ich richtig gerechnet habe.

Herr Simon: Aber wägen Sie den einmal so genau.

Herr Wilke: Ich wollte Sie folgendes fragen: Die Reaktion Nb_6I_{11} plus Wasserstoff bei 400 °C führt ja zu dieser Verbindung, die im Oktaeder ein Wasserstoffatom hat. Haben Sie irgendwelche Vorstellungen, wie die Reaktionen ablaufen? Sie gehen von H_2 aus. Bei 400 °C ist, glaube ich, H_2 noch nicht dissoziierbar. Das heißt, Sie müssen also doch irgendeine Wechselwirkung zwischen Ihrem Nb_6I_{11} und einem H_2-Molekül zunächst einmal haben.

Herr Simon: Der erste Schritt ist sicher der der Adsorption an der Kristalloberfläche, die zu einer Lockerung der H-H-Bindung führt. Aber der Wasserstoff oder das Proton oder was es auch immer ist muß in den Cluster hineinschlüpfen. Der Cluster gibt bereits an seiner Peripherie den Elektronenmangel zu erkennen.

Herr Wilke: Ja. Aber was ist auf der Oberfläche? Es ist eine heterogene Reaktion. Sie sagen, daß eine Adsorption stattfindet. Sind Jodatome auf der Oberfläche oder Niobatome?

Herr Simon: Wahrscheinlich wird die Oberfläche im wesentlichen von den Jodatomen gebildet. Aber, wie gesagt, die Jodatome gehören zum Bindungssystem des gesamten Clusters und sind auch Träger der Information über den im Cluster herrschenden Elektronenmangel.

Herr Krebs: Herr Simon, Sie haben zwar erwähnt, daß Sie nichts über die Anwendung der Verbindungen sagen wollten; aber es ist doch eigentlich zu erwarten, daß diese Clusterverbindungen eine Fülle von interessanten physikalischen Eigenschaften haben. Wenn wir einmal an das Cäsium denken, wissen wir, wie wichtig die niedrige Ionisierungsenergie für dessen Anwendung ist. Wie verhalten sich in dieser Beziehung die Cäsium- und Rubidiumcluster Ihrer Suboxide?

Herr Simon: Das ist aber ein zweiter Vortrag. Man stellt seit vierzig Jahren die sogenannte S1-Photokathode her. Das ist eine Kathode, die im nahen Infraroten emittiert. D. h., bei sehr niedriger Energie des einfallenden Lichts werden bereits Photoelektronen herausgeschleudert. Wir konnten nachweisen, daß in der Tat Suboxide, speziell $Cs_{11}O_3$, wichtige Substanzen in den dünnen Filmen solcher Photokathoden sind. Niedrige Austrittsarbeit einerseits sowie weitere elektronische Eigenschaften sorgen für das Maximum der Photoelektronenemission bei niedriger Energie.

Herr Krebs: Die Austrittsarbeit ist also niedriger?

Herr Simon: Ja, sie ist niedriger als im Element. Inzwischen gibt es eine einfache und anschauliche Deutung hierfür (Heine und Mitarbeiter, Cambridge): Die Suboxide sind wie Schweizer Käse; der Käse kommt nicht in die Löcher. Entsprechend können die Elektronen nicht in den $Cs_{11}O_3$-Cluster, in dessen Innerem eine hohe negative Ladung durch die drei O^{2-}-Ionen vorliegt. Das Vorliegen geordneter, für die Elektronen verbotener Bereiche in einem Metall führt zur Erniedrigung der Austrittsarbeit.

Herr Schreyer: Herr Simon, wie ist es eigentlich mit den Metallhydriden? Könnte man die nicht als große Cluster auffassen? Könnte Ihr Bild mit dem Wasserstoff in dem Niob-Oktaeder-Cluster ein Modell dafür sein?

Herr Simon: Die Bindung des Wasserstoffs im Cluster ist außerordentlich ähnlich wie die im Niobhydrid. Dies gilt für die Schwingungsfrequenzen des Wasserstoffs in seiner Umgebung aus Metallatomen. Ich weiß nicht, worauf Sie hinauswollen; denn in Niobhydriden vermisse ich die als Cluster bezeichnete abgeschlossene strukturelle Einheit.

Herr Schreyer: Dann sage ich es einmal anders. Es gibt doch die Erscheinung, daß Wasserstoff in Metalle hineindiffundiert und dort offensichtlich irgendwo sitzen muß.

Herr Simon: Da weiß man gut Bescheid. Der Wasserstoff sitzt auf Zwischengitterplätzen. Er ist im Prinzip wie im Cluster gebunden. Anstelle des lokalisierten Bildes eines Molekülorbital-Schemas, wie es für die Clusterverbindung benutzt wurde, muß die Bindung allerdings in einem Bändermodell beschrieben werden.

Herr Schäfer: Es ist eigentlich erstaunlich, daß das Nb_6I_{11} nicht mehr Wasserstoff aufnimmt; denn der Cluster könnte doch immer noch mehr Elektronen brauchen, und Wasserstoff kann man doch räumlich überall unterbringen. Sie haben aber offenbar nie beobachtet, daß er mehr aufnimmt. Darüber müßte man einmal nachdenken, wieso das eigentlich kommt.

Herr Simon: Es kommt auf die Bilanz an verschiedenen Größen an: Trennungsenergie für die H-H-Bindung, Energiegewinn durch Absenkung des entsprechenden Clusterniveaus, Energieunterschied bei Besetzung eines Niveaus an der Fermi-Kante. Dies ist offensichtlich bei Nb_6I_{11} eine sehr günstige Bilanz. Aber es gibt ja auch andere Übergangsmetall-Clusterverbindungen mit Elektronenmangel, wo partout kein Wasserstoffatom in den Cluster eingeführt werden kann.

Herr Schäfer: Man kann sich das also quantitativ irgendwie erklären, aber nachgewiesen ist es jedenfalls nicht.

Herr Simon: Die Wasserstoffabsorption ist nicht unter erhöhtem Druck untersucht worden. Ich weiß nicht, ob man unter hohem Druck noch überschüssigen Wasserstoff in die Verbindung hineinzwängen kann. Aber unter Normaldruck kommt man exakt zur Zusammensetzung HNb_6I_{11}.

Veröffentlichungen der Rheinisch-Westfälischen Akademie der Wissenschaften

Neuerscheinungen 1978 bis 1983

Vorträge N Heft Nr.		NATUR-, INGENIEUR- UND WIRTSCHAFTSWISSENSCHAFTEN
271	*Wolfgang Flaig, Braunschweig*	Fortschritte auf dem Gebiet der Biochemie des Bodens im Bezug zur pflanzlichen Produktion (Übersicht)
	Hermann Kick, Bonn	Probleme der Düngung in der modernen Landwirtschaft
272	*Dietrich W. Lübbers, Dortmund*	Die Sauerstoffversorgung der Warmblüterorgane unter normalen und pathologischen Bedingungen
	Gerhard Neuweiler, Frankfurt/M.	Die Echoortung der Fledermäuse
273	*Ulrich Bonse, Dortmund*	Interferometrie mit Röntgen- und Neutronenstrahlen
	Horst Stegemeyer, Paderborn	Flüssige Kristalle: Strukturen, Eigenschaften und Bedeutung
274	*Kurt Fränz, Ulm*	Humanismus und Technik – Variationen über ein altes Thema
275	*Joseph Rutenfranz, Dortmund*	Arbeitsphysiologische Grundprobleme von Nacht- und Schichtarbeit
	Rainer Bernotat, Meckenheim	Ergonomische Gestaltung von Mensch-Maschine-Systemen
276	*Gerhard Fels, Kiel*	Wiederbelebung der privaten Investitionstätigkeit als wirtschaftspolitische Aufgabe
	Herbert Hax, Köln	Finanzwirtschaftliche Planung in der Unternehmung bei Geldentwertung
277	*Friedrich Liebau, Kiel*	Fortschritte auf dem Gebiet der Kristallchemie der Silikate
278	*Heinrich Kuttruff, Aachen*	Gelöste und ungelöste Fragen der Konzertsaalakustik
	Hermann Schenck, Aachen	Prosperität und Handlungsfreiheit der Stahlindustrie im Kraftfeld konjunktureller und struktureller Bewegungen
279	*Joseph Straub, Köln*	Züchtungsforschung im Dienste der Ernährung Jahresfeier am 3. Mai 1978
280	*Heinrich Mandel, Essen*	Die Kernenergie im Spannungsfeld zwischen wirtschaftlicher Nutzung und öffentlicher Billigung
281	*Wolfgang Zerna, Bochum*	Probleme des Spannbetons
	Karl Kordina, Braunschweig	Über das Brandverhalten von Bauteilen und Bauwerken
282	*Werner H. Hauss, Münster*	Über die Möglichkeit, Koronarsklerose und Herzinfarkt zu verhüten und zu behandeln
	Ludwig E. Feinendegen, Jülich	Externe Messung von Herzstruktur und -funktion
283	*Gotthilf Hempel, Kiel*	Meeresfischerei als ökologisches Problem
	Eugen Seibold, Kiel	Rohstoffe in der Tiefsee – Geologische Aspekte
284	*Heinz-Günther Wittmann, Berlin*	Ribosomen und Proteinbiosynthese
285	*Helmut Domke, Aachen*	Sicherungsmaßnahmen gegen Bergschäden und Erdbeben
	Friedrich-Wilhelm Gundlach, Berlin	Der Einfluß des Regens auf die Ausbreitung von Mikrowellen
286	*Horst Rollnik, Bonn*	Ideen und Experimente für eine einheitliche Theorie der Materie
287	*John C. Harsanyi, Berkeley, Bonn*	A new solution concept for both cooperative and noncooperative games
	Reinhard Selten, Bielefeld	Experimentelle Wirtschaftsforschung
288	*Friedrich Hund, Göttingen*	Die Rolle des Dualismus Welle-Teilchen beim Werden der Quantentheorie
	Claus Müller, Aachen	Neue Verfahren zur Lösung der elliptischen Randwertprobleme der Mathematischen Physik
289	*Ulrich Hütter, Stuttgart*	Moderne Windturbinen
	Rudolf Schulten, Jülich	Kernenergietechnik heute
290	*Paul Arthur Mäcke, Aachen*	Planerische Möglichkeiten für einen humanen Stadtverkehr
	Karlheinz Roik, Bochum	Schrägseilbrücken – Beispiele und Entwicklungstendenzen im modernen Stahlbrückenbau
291	*Stefan Vogel, Wien*	Florengeschichte im Spiegel blütenökologischer Erkenntnisse
	Walter Larcher, Innsbruck	Klimastreß im Gebirge – Adaptationstraining und Selektionsfilter für Pflanzen
292	*Günther Gerisch, Basel*	Periodische Enzymaktivierung als Kontrollfaktor multizellulärer Entwicklung
	Jens Blauert, Bochum	Neuere Ergebnisse zum räumlichen Hören
293	*Franz Grosse-Brockhoff, Düsseldorf*	Herzbehandlung mit dem ‚Fingerhut' einst und jetzt
294	*Norbert Kloten, Stuttgart*	Das Europäische Währungssystem. Eine europäische Grundentscheidung im Rückblick
295	*Karl Schindler, Bochum*	Die Magnetosphäre der Erde und ihre Dynamik
296	*Eugene P. Cronkite, New York*	The hungry granulocyte –Its fate and regulation of production

297	*Volker Aschoff, Aachen*	Aus der Geschichte der Telegraphen-Codes
	Hans Dieter Lüke, Aachen	Moderne Probleme der Nachrichten-Codierung
298	*Karl Kremer, Düsseldorf*	Kunststoffe in der Chirurgie
	Gerd Meyer-Schwickerath, Essen	Augenoperationen in mikroskopischen Dimensionen
299	*Wolfgang Backé, Aachen*	Die Rolle der Fluidtechnik bei der Entwicklung neuartiger Maschinenkonzepte
	Rolf Staufenbiel, Aachen	Entwicklung des zivilen Luftverkehrs unter den Aspekten der Umweltbelastung und dem Zwang von Energieersparnis
300	*Hans Adolf Krebs, Oxford*	On asking the right kind of question in biological research
	Jozef Schell, Köln	Neue Aussichten für die Pflanzenzüchtung: Gen-Übertragung mit dem Ti-Plasmid
301	*Gerhard M. Schneider, Bochum*	Fluide Mischungen bei hohen Drücken
	Albrecht Maas, Bonn	Direktbeobachtung und Analyse von Kristallwachstumsvorgängen im hochauflösenden Transmissions-Elektronenmikrospkop
302	*Albrecht Rabenau, Stuttgart*	Lithiumnitrid und verwandte Stoffe
	Ulrich Wannagat, Braunschweig	Sila-Substitutionen
303	*Hans K. Schneider, Köln*	Wirtschaftliches Wachstum – trotz erschöpfbarer natürlicher Ressourcen? Jahresfeier am 11. Juni 1980
304	*Hermann Flohn, Bonn*	Kohlendioxyd, Spurengase und Glashauseffekt: ihre Rolle für die Zukunft unseres Klimas
305	*Heinz Duddeck, Braunschweig*	Die Entwicklung der technischen Wissenschaft ‚Tunnelbau'
	Wolfgang Zerna, Bochum	Tanks für kryogene Flüssigkeiten
306	*Harald Schäfer, Münster*	Der Einfluß von Gasen auf die Reaktionsfähigkeit fester Stoffe
	Herbert Döring, Aachen	75 Jahre Hochvakuumelektronenröhren
307	*Hans J. Zassenhaus, Ohio*	Über die konstruktive Behandlung mathematischer Probleme
	Max Koecher, Münster	Von Matrizen zu Jordan-Tripelsystemen
308	*William F. Pohl, Minnesota*	The Application of Global Differential Geometry to the Investigation of Topological Enzymes and the Spatial Structure of Polymers
	Lothar Jaenicke, Köln	Chemotaxis – Signalaufnahme und Respons einzelliger Lebewesen
309	*Harald Ibach, Jülich/Aachen*	Zur Physik und Chemie der Festkörperoberfläche
310	*Edmond Malinvaud, Paris*	La profitabilité comme facteur de l'investissement
	Burkart Lutz, München	Einige Aspekte von Theorie und Empirie segmentierter Arbeitsmärkte
311	*Hans Jürgen Schmitt, Aachen*	Der Mensch im elektromagnetischen Feld
	Günter Rau, Aachen	Ergonomie in der Medizin
312	*Klaus Heckmann, Münster*	Über *omikron*-Partikel und andere Symbionten von Ciliaten
	Detlev Riesner, Düsseldorf	Viroide: Struktur und Funktion der kleinsten Krankheitserreger
313	*Sven Effert, Aachen*	Arrhythmien des Herzens
314	*Kurt Schmidt, Mainz*	Verlockungen und Gefahren der Schattenwirtschaft
315	*Eckart Reiche, Krefeld*	Tagebau Hambach: Voraussetzungen – Probleme – Lösungen
	Hans-Ulrich Schmincke, Bochum	Vulkane und ihre Wurzeln
316	*Roland Kammel, Berlin*	Umweltschutz durch Abwasserelektrolyse
	Ernst-Ulrich Reuther, Aachen	Zur Problematik tiefer Bergwerke
317	*Wilfried König, Aachen*	Fertigungstechnologie in den neunziger Jahren
	Manfred Weck, Aachen	Werkzeugmaschinen im Wandel
318	*Heinz Maier-Leibnitz, München*	Die Wirkung bedeutender Forscher und Lehrer – Erlebtes aus fünfzig Jahren
	Reimar Lüst, München	Derzeitige Bedingungen und Möglichkeiten für Forschung in der Bundesrepublik Deutschland
319	*Theo Mayer-Kuckuk, Bonn*	Hermes und das Schaf – interdisziplinäre Anwendungen kernphysikalischer Beschleuniger
320	*Gustav V. R. Born, London*	Die Rolle der Thrombozyten bei der Athero- und Thrombogenese
321	*Siegfried Großmann, Marburg*	Deterministisches Chaos
	Günter Harder, Bonn	Experimente in der Mathematik
322	*1. Akademie-Forum*	Technische Innovationen und Wirtschaftskraft
323	*Manfred Depenbrock, Bochum*	Energieumformung und Leistungssteuerung bei einer modernen Universallokomotive
324	*Franz Pischinger, Aachen*	Möglichkeiten zur Energieeinsparung beim Teillastbetrieb von Kraftfahrzeugmotoren
	Dietrich Neumann, Köln	Die zeitliche Programmierung von Tieren auf periodische Umweltbedingungen
325	*Hans-Georg von Schnering, Stuttgart*	Clusteranionen: Struktur und Eigenschaften
	Arndt Simon, Stuttgart	Neue Entwicklungen in der Chemie metallreicher Verbindungen
326	*Fritz Führ, Jülich*	Praxisnahe Tracerversuche zum Verbleib von Pflanzenschutzwirkstoffen im Agrarökosystem
	Hermann Sahm, Jülich	Biogasbildung und anaerobe Abwasserreinigung

ABHANDLUNGEN

Band Nr.		
36	*Iselin Gundermann, Bonn*	Untersuchungen zum Gebetbüchlein der Herzogin Dorothea von Preußen
37	*Ulrich Eisenhardt, Bonn*	Die weltliche Gerichtsbarkeit der Offizialate in Köln, Bonn und Werl im 18. Jahrhundert
38	*Max Braubach, Bonn*	Bonner Professoren und Studenten in den Revolutionsjahren 1848/49
39	*Henning Bock (Bearb.), Berlin*	Adolf von Hildebrand, Gesammelte Schriften zur Kunst
40	*Geo Widengren, Uppsala*	Der Feudalismus im alten Iran
41	*Albrecht Dihle, Köln*	Homer-Probleme
42	*Frank Reuter, Erlangen*	Funkmeß. Die Entwicklung und der Einsatz des RADAR-Verfahrens in Deutschland bis zum Ende des Zweiten Weltkrieges
43	*Otto Eißfeldt, Halle, und Karl Heinrich Rengstorf, Münster (Hrsg.)*	Briefwechsel zwischen Franz Delitzsch und Wolf Wilhelm Graf Baudissin 1866–1890
44	*Reiner Haussherr, Bonn*	Michelangelos Kruzifixus für Vittoria Colonna. Bemerkungen zu Ikonographie und theologischer Deutung
45	*Gerd Kleinheyer, Regensburg*	Zur Rechtsgestalt von Akkusationsprozeß und peinlicher Frage im frühen 17. Jahrhundert. Ein Regensburger Anklageprozeß vor dem Reichshofrat. Anhang: Der Statt Regenspurg Peinliche Gerichtsordnung
46	*Heinrich Lausberg, Münster*	Das Sonett *Les Grenades* von Paul Valéry
47	*Jochen Schröder, Bonn*	Internationale Zuständigkeit. Entwurf eines Systems von Zuständigkeitsinteressen im zwischenstaatlichen Privatverfahrensrecht aufgrund rechtshistorischer, rechtsvergleichender und rechtspolitischer Betrachtungen
48	*Günther Stökl, Köln*	Testament und Siegel Ivans IV.
49	*Michael Weiers, Bonn*	Die Sprache der Moghol der Provinz Herat in Afghanistan
50	*Walther Heissig (Hrsg.), Bonn*	Schriftliche Quellen in Moġolī. 1. Teil: Texte in Faksimile
51	*Thea Buyken, Köln*	Die Constitutionen von Melfi und das Jus Francorum
52	*Jörg-Ulrich Fechner, Bochum*	Erfahrene und erfundene Landschaft. Aurelio de'Giorgi Bertòlas Deutschlandbild und die Begründung der Rheinromantik
53	*Johann Schwartzkopff (Red.), Bochum*	Symposium ‚Mechanoreception'
54	*Richard Glasser, Neustadt a. d. Weinstr.*	Über den Begriff des Oberflächlichen in der Romania
55	*Elmar Edel, Bonn*	Die Felsgräbernekropole der Qubbet el Hawa bei Assuan. II. Abteilung: Die althieratischen Topfaufschriften aus den Grabungsjahren 1972 und 1973
56	*Harald von Petrikovits, Bonn*	Die Innenbauten römischer Legionslager während der Prinzipatszeit
57	*Harm P. Westermann u. a., Bielefeld*	Einstufige Juristenausbildung. Kolloquium über die Entwicklung und Erprobung des Modells im Land Nordrhein-Westfalen
58	*Herbert Hesmer, Bonn*	Leben und Werk von Dietrich Brandis (1824–1907) – Begründer der tropischen Forstwirtschaft. Förderer der forstlichen Entwicklung in den USA. Botaniker und Ökologe
59	*Michael Weiers, Bonn*	Schriftliche Quellen in Moġolī, 2. Teil: Bearbeitung der Texte
60	*Reiner Haussherr, Bonn*	Rembrandts Jacobssegen. Überlegungen zur Deutung des Gemäldes in der Kasseler Galerie
61	*Heinrich Lausberg, Münster*	Der Hymnus ›Ave maris stella‹
62	*Michael Weiers, Bonn*	Schriftliche Quellen in Moġolī, 3. Teil: Poesie der Mogholen
63	*Werner H. Hauss, Münster, Robert W. Wissler, Chicago, Rolf Lehmann, Münster*	International Symposium 'State of Prevention and Therapy in Human Arteriosclerosis and in Animal Models'
64	*Heinrich Lausberg, Münster*	Der Hymnus ›Veni Creator Spiritus‹
65	*Nikolaus Himmelmann, Bonn*	Über Hirten-Genre in der antiken Kunst
66	*Elmar Edel, Bonn*	Die Felsgräbernekropole der Qubbet el Hawa bei Assuan. Paläographie der althieratischen Gefäßaufschriften aus den Grabungsjahren 1960 bis 1973
67	*Elmar Edel, Bonn*	Hieroglyphische Inschriften des Alten Reiches
68	*Wolfgang Ehrhardt, Athen*	Das Akademische Kunstmuseum der Universität Bonn unter der Direktion von Friedrich Gottlieb Welcker und Otto Jahn
69	*Walther Heissig, Bonn*	Geser-Studien. Untersuchungen zu den Erzählstoffen in den „neuen" Kapiteln des mongolischen Geser-Zyklus
70	*Werner H. Hauss, Münster, Robert W. Wissler, Chicago*	Second Münster International Arteriosclerosis Symposium: Clinical Implications of Recent Research Results in Arteriosclerosis

Sonderreihe

PAPYROLOGICA COLONIENSIA

Vol. I	
Aloys Kehl, Köln	Der Psalmenkommentar von Tura, Quaternio IX
Vol. II	
Erich Lüddeckens, Würzburg, *P. Angelicus Kropp O. P., Klausen,* *Alfred Hermann und Manfred Weber, Köln*	Demotische und Koptische Texte
Vol. III	
Stephanie West, Oxford	The Ptolemaic Papyri of Homer
Vol. IV	
Ursula Hagedorn und Dieter Hagedorn, Köln, *Louise C. Youtie und Herbert C. Youtie, Ann Arbor*	Das Archiv des Petaus (P. Petaus)
Vol. V	
Angelo Geißen, Köln *Wolfram Weiser, Köln*	Katalog Alexandrinischer Kaisermünzen der Sammlung des Instituts für Altertumskunde der Universität zu Köln Band 1: Augustus-Trajan (Nr. 1–740) Band 2: Hadrian-Antoninus Pius (Nr. 741–1994) Band 3: Marc Aurel-Gallienus (Nr. 1995–3014) Band 4: Claudius Gothicus – Domitius Domitianus, Gau-Prägungen, Anonyme Prägungen, Nachträge, Imitationen, Bleimünzen (Nr. 3015–3627) Band 5: Indices zu den Bänden 1 bis 4
Vol. VI	
J. David Thomas, Durham	The epistrategos in Ptolemaic and Roman Egypt Part 1: The Ptolemaic epistrategos Part 2: The Roman epistrategos
Vol. VII	Kölner Papyri (P. Köln)
Bärbel Kramer und Robert Hübner (Bearb.), Köln	Band 1
Bärbel Kramer und Dieter Hagedorn (Bearb.), Köln	Band 2
Bärbel Kramer, Michael Erler, Dieter Hagedorn und Robert Hübner (Bearb.), Köln	Band 3
Bärbel Kramer, Cornelia Römer und Dieter Hagedorn (Bearb.), Köln	Band 4
Vol. VIII	
Sayed Omar (Bearb.), Kairo	Das Archiv des Soterichos (P. Soterichos)
Vol. IX	Kölner ägyptische Papyri (P. Köln ägypt.)
Dieter Kurth, Heinz-Josef Thissen und Manfred Weber (Bearb.), Köln	Band 1
Vol. X	
Jeffrey S. Rusten, Cambridge, Mass.	Dionysius Scytobrachion
Vol. XI	
Wolfram Weiser, Köln	Katalog der Bithynischen Münzen der Sammlung des Instituts für Altertumskunde der Universität zu Köln Band 1: Nikaia. Mit einer Untersuchung der Prägesysteme und Gegenstempel

Verzeichnisse sämtlicher Veröffentlichungen der
Rheinisch-Westfälischen Akademie der Wissenschaften können beim
Westdeutschen Verlag GmbH, Postfach 30 06 20, 5090 Leverkusen 3 (Opladen),
angefordert werden

GPSR Compliance

The European Union's (EU) General Product Safety Regulation (GPSR) is a set of rules that requires consumer products to be safe and our obligations to ensure this.

If you have any concerns about our products, you can contact us on ProductSafety@springernature.com

In case Publisher is established outside the EU, the EU authorized representative is:

Springer Nature Customer Service Center GmbH
Europaplatz 3
69115 Heidelberg, Germany

Batch number: 10584556

Printed by Printforce, the Netherlands